测绘地理信息"岗课赛证"融通系列教材

测绘地理信息智能应用实践

Practice of Intelligent Geomatics Application

速云中　张倩斯　侯林锋　钟金明　编著

测绘出版社

·北京·

©广州南方测绘科技股份有限公司　2023

所有权利(含信息网络传播权)保留,未经许可,不得以任何方式使用。

内容简介

本书重点介绍了测绘地理信息行业应用案例和业务流程,融理论与实践于一体,以理论带动实践,以实践检验理论。

全书共分为八个章节,通过理论介绍结合项目实例解析,讲解测绘地理信息领域的最新业务方向及相关应用。八个章节包括大比例尺地形图数据更新与建库应用实例、工程测量应用实例、GNSS在变形监测中的应用、无人机在自然资源普查中的应用实例、三维激光在高精度电子地图生产中的应用实例、激光雷达在电力巡线中的应用、建筑信息模型(BIM)应用、城市信息模型(CIM)应用。

本书主要面向具有"1＋X"证书(测绘地理信息数据获取与处理、测绘地理信息智能应用)考点及试点的高等职业院校师生,本书适用于地理信息科学、遥感科学与技术、测量工程等相关专业和相关领域。

图书在版编目(CIP)数据

测绘地理信息智能应用实践 / 速云中等编著. －－北京 : 测绘出版社,2023.3
　　测绘地理信息"岗课赛证"融通系列教材
　　ISBN 978-7-5030-4457-1

　　Ⅰ. ①测… Ⅱ. ①速… Ⅲ. ①测绘－地理信息系统－教材 Ⅳ. ①P208

中国国家版本馆 CIP 数据核字(2023)第 018492 号

测绘地理信息智能应用实践

Cehui Dili Xinxi Zhineng Yingyong Shijian

责任编辑	侯杨杨	封面设计	李　伟	责任印制	陈姝颖

出版发行	测绘出版社	电　话	010－68580735(发行部)	
地　址	北京市西城区三里河路 50 号		010－68531363(编辑部)	
邮政编码	100045	网　址	www.chinasmp.com	
电子信箱	smp@sinomaps.com	经　销	新华书店	
成品规格	184mm×260mm	印　刷	北京建筑工业印刷厂	
印　张	8.25	字　数	201 千字	
版　次	2023 年 3 月第 1 版	印　次	2023 年 3 月第 1 次印刷	
印　数	0001－2000	定　价	35.00 元	

书　号	ISBN 978-7-5030-4457-1

本书如有印装质量问题,请与我社发行部联系调换。

测绘地理信息"岗课赛证"融通系列教材

编审委员会

主 任 委 员：马　超　广州南方测绘科技股份有限公司

副主任委员：赵文亮　昆明冶金高等专科学校

　　　　　　陈传胜　江西应用技术职业学院

　　　　　　陈锡宝　上海高职高专土建类专业教学指导委员会

　　　　　　陈　琳　黄河水利职业技术学院

　　　　　　吕翠华　昆明冶金高等专科学校

　　　　　　速云中　广东工贸职业技术学院

　　　　　　李长青　北京工业职业技术学院

　　　　　　李天和　重庆工程职业技术学院

　　　　　　王连威　吉林交通职业技术学院

　　　　　　郭宝宇　广州南方测绘科技股份有限公司

委　　　员：冯　涛　昆明铁道职业技术学院

　　　　　　周金国　重庆工程职业技术学院

　　　　　　刘剑锋　黄河水利职业技术学院

　　　　　　万保峰　昆明冶金高等专科学校

　　　　　　赵小平　北京工业职业技术学院

　　　　　　侯林锋　广东工贸职业技术学院

　　　　　　董希彬　广州南方测绘科技股份有限公司

　　　　　　张少铖　广州南方测绘科技股份有限公司

　　　　　　张　磊　广州南方测绘科技股份有限公司

　　　　　　孙　乾　广州南方测绘科技股份有限公司

　　　　　　杜卫钢　广州南方测绘科技股份有限公司

　　　　　　胡　浩　广州南方测绘科技股份有限公司

　　　　　　钟金明　广州南方测绘科技股份有限公司

　　　　　　陶　超　广州南方测绘科技股份有限公司

　　　　　　张倩斯　广州南方测绘科技股份有限公司

《测绘地理信息智能应用实践》

编写人员名单

速云中	广东工贸职业技术学院
侯林锋	广东工贸职业技术学院
钟金明	广州南方测绘科技股份有限公司
张倩斯	广州南方测绘科技股份有限公司
杨永明	滇西应用技术大学
陈裕汉	滇西应用技术大学
陈 锐	四川水利职业技术学院
王金玲	湖北水利水电职业技术学院
毕 婧	湖北国土资源职业学院
毛远芳	广州市城市建设职业学校
郭观明	江西经济管理干部学院
马婷婷	重庆渝北职业教育中心
尹 斌	山东交通职业学院
宋玉玲	山东科技职业学院
胡国贤	文山学院
李 娜	南宁职业技术学院
张 磊	广西交通技师学院
洪 磊	云南工商学院
吴雯雯	云南工商学院
刘顺生	云南经贸外事职业学院
孔维东	云南经贸外事职业学院

前　言

　　本书为测绘地理信息"岗课赛证"融通学历教育系列教材(简称"系列教材")中的一本。系列教材围绕南方测绘两项"1+X"职业技能等级证书标准(测绘地理信息数据获取与处理、测绘地理信息智能应用),引入行业新装备、新技术、新规范,结合实际项目案例,培养新型测绘地理信息技能人才。

　　本书围绕现阶段测绘地理信息行业的主要应用方向,内容涵盖大比例尺地形图数据更新与建库应用实例、工程测量应用实例、卫星定位技术在变形监测中的应用、无人机在自然资源调查中的应用、三维激光在高精度电子地图生产中的应用、激光雷达在电力巡线中的应用、建筑信息模型的应用、城市信息模型的应用等几个方向,以实际项目案例为基础,介绍相关技术流程和规范,培养可进行项目实施的技术人才,使其符合现阶段行业人才的技能要求。本书既可以作为职业技能等级证书培训教材,也可用作地理信息应用与实践课程的教学教材。

　　本书为产教合编教材,由多名资深教授、高级工程师参与教材编写工作,总体分工为:广东工贸职业技术学院速云中负责教材统筹统稿;广东工贸职业技术学院侯林锋负责目录框架、相关章节中原理及方法的整理和编写;广州南方测绘科技股份有限公司张倩斯、钟金明负责相关应用实践案例的收集、整理,介绍相关行业应用方向的实际作业流程和要求。

　　感谢本书编审委员会的指导。在本书编写过程中,借鉴和参考了大量文献资料,在此对相关作者表示衷心的感谢。

　　由于编者水平、经验有限,书中难免存在不足之处,敬请广大读者批评指正。

目　录

第1章　大比例尺地形图数据更新与建库应用实例

本章将根据当前基础测绘技术发展趋势和城市大比例尺地形图生产及应用特点,利用典型案例,介绍利用新型测绘技术进行大比例尺地形图数据更新与基础地理信息数据库建设的流程与方法。

1.1　项目概述

1.1.1　项目背景

城市大比例尺地形图(1∶500、1∶1 000、1∶2 000 比例尺)是城市总体规划、控制性详细规划等法定规划及开展其他专项规划必不可少的城市规划基础资料,也是进行城市建设、规划管理、自然资源管理等最基本的基础地理信息资料。为更好地为城市建设、规划管理、自然资源管理等提供基础测绘保障,各省级规划和自然资源主管部门将直属单位承担的基础测绘数据更新工作纳入内控标准化管理,并将大比例尺地形图数据更新工作纳入下级部门年度绩效考核,为这项基础性工作提供了有效支撑。

在满足实际需要的前提下,基本地形图数据的更新应遵循"急用优先、重点优先、高效快速、及时准确"的原则。倾斜摄影测量是近年来新兴的无接触测量技术,颠覆了传统测绘的作业方式,通过无人机低空多镜头摄影获取高清晰立体影像数据,自动生成三维地理信息模型,快速实现地理信息的获取,具有效率高、成本低、数据精确、操作灵活、侧面纹理信息丰富等特点。配合专业三维立体采集软件,完成大比例尺地形图数据要素的采集、编辑、成图、建库,是目前应用较多的一种地形图数据生产及更新方式。

1.1.2　项目工作内容

以某市年度大比例尺地形图数据更新与建库项目为例。其主要工作内容包括:

(1)完成基于 2000 国家大地坐标系下中心城区 1∶500 地形图的更新;

(2)基于更新后的 1∶500 地形图,进行基础地理信息数据库的建库工作,形成新时效的基础地理信息数据库。

1.1.3　基本技术要求

1. 参考标准及技术规范(部分)

(1)GB/T 7930—2008《1∶500 1∶1 000 1∶2 000 地形图航空摄影测量内业规范》。

(2)GB/T 7931—2008《1∶500 1∶1 000 1∶2 000 地形图航空摄影测量外业规范》。

(3)GB/T 15967—2008《1∶500 1∶1 000 1∶2 000 地形图航空摄影测量数字化测图规范》。

(4)GB/T 17941—2008《数字测绘成果质量要求》。

(5)GB/T 19710—2005《地理信息　元数据》。

(6)GB/T 14268—2008《国家基本比例尺地形图更新规范》。

(7)GB/T 20257.1—2017《国家基本比例尺地图图式　第 1 部分：1∶500 1∶1 000 1∶2 000 地形图图式》(以下简称《图式》)。

(8)GB/T 20258.1—2019《基础地理信息要素数据字典　第 1 部分：1∶500 1∶1 000 1∶2 000 比例尺》。

(9)GB/T 23236—2009《数字航空摄影测量　空中三角测量规范》。

(10)GB/T 18316—2008《数字测绘成果质量检查与验收》。

(11)GB/T 24356—2009《测绘成果质量检查与验收》。

2．精度要求

1)平面精度

图上地物点相对于邻近图根点的点位中误差、邻近地物点间距中误差执行表 1.1 的规定，困难地区可放宽 0.5 倍。

表 1.1　图上地物点点位中误差与邻近地物点间距中误差(图上距离)

地区分类	点位中误差绝对值	邻近地物点间距中误差绝对值
建筑区和平坦地区	≤0.3 mm	≤0.2 mm

2)高程精度

基本等高距采用 0.5 m。

城市建筑区的高程注记点相对于邻近图根点的高程中误差绝对值不得大于 15 cm。其他地区高程精度以等高线插求点的高程中误差来衡量。等高线插求点相对于邻近图根点的高程中误差应符合表 1.2 的规定，困难地区可放宽 0.5 倍。

表 1.2　高程中误差

地形类别	平地	丘陵地	山地
高程中误差绝对值	$\leqslant 1/3 \times H$	$\leqslant 1/2 \times H$	$\leqslant 2/3 \times H$

3．地形图分幅及编号

采用 50 cm×50 cm 分幅，按图廓西南角坐标千米整数进行编号，小数点后不取位，中间以"－"隔开，X 在前、Y 在后，如"XXXX-YYY"。2000 国家大地坐标系分幅数据需加带号。

1.1.4　总体技术路线

总体技术路线为：基于测区内已有大比例尺地形图数据，结合最新的多行业专题数据，采用基于无人机倾斜摄影测量为主的多种技术方法，开展中心城区内 1∶500 地形图数据的更新与建库工作。

总体技术流程如图 1.1 所示。

其主要的环节分为：

(1)准备阶段。准备阶段主要进行已有资料的收集、整理，进行项目团队的组建和项目技术路线的探索、研究，并通过现场踏勘、需求调研、研讨等方式确定使用的技术路线，编写项目技术设计书、实施方案等文档。

(2)无人机倾斜摄影测量。此环节主要进行无人机倾斜摄影测量阶段的航线规划、航飞、像片控制点测量、内业数据处理及三维模型建模等工作。最终形成符合后续应用需求和项目技术要求的倾斜摄影测量三维模型。

（3）地形图更新与采编。利用前一阶段生产的三维模型，结合已有资料，进行历史地形图的更新与地形图采编成图工作，形成现势性强的更新后的 1∶500 大比例尺地形图图件成果。

（4）地形图建库。基于更新后的地形图数据，采用建库软件辅助建库，建立项目范围内、现势性优于 1 年的 1∶500 地形图数据库，并汇入上级基础地理信息数据库。

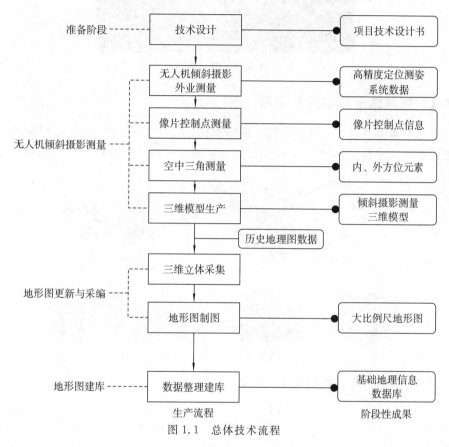

图 1.1　总体技术流程

1.2　基于无人机倾斜摄影测量的地形数据采集

传统的 1∶500 地形图数据更新主要采用全站仪数字化方法，使用全站仪进行控制点、高程点、地物地貌碎部点的测绘，有些条件好的地区也使用全球导航卫星系统（global navigation satellite system，GNSS）网络实时动态定位（real-time kinematic positioning，RTK）快速进行地形数据的测量与采集。但这种全野外的测量方式工作效率低、人员成本高，还经常受到天气等因素的影响，目前在地形图数据更新项目中已逐步缩小了使用范围和频次，成为辅助手段。

近年来迅速发展的无人机倾斜摄影测量技术（图 1.2），具有成果高度仿真、机动灵活、作业高效迅速、可高频监测关键区域及成本较低等特点。采用无人机倾斜摄影测量构建的倾斜摄影测量三维模型，能够提供高精度还原的真实场景。使数据采集人员在内业就可以通过软件工具实现地物、地貌要素的采集，减少野外实地测量的工作量，为快速测绘制作大比例尺地形图提供一种新的解决方案。

图 1.2　无人机倾斜摄影测量示意

1.2.1　倾斜摄影测量技术流程

倾斜摄影测量是利用无人机搭载航空摄影相机,采用倾斜摄影测量技术对项目区域范围进行影像数据采集及数据处理,为后续采集提供高精度倾斜摄影测量三维模型(图 1.3)。

图 1.3　无人机及搭载的倾斜摄影测量相机

这一环节的主要作业流程如图 1.4 所示。

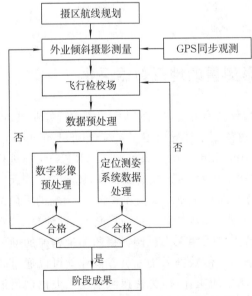

图 1.4　倾斜摄影测量技术主要作业流程

1. 摄区航线规划

采用倾斜摄影测量技术对项目区域范围进行影像数据采集及数据处理,倾斜摄影测量地面分辨率需达到 1.5 cm,以满足 1∶500 地形图生产的精度要求。

航测任务开始前,需要去现场做实地踏勘,了解作业区的地形概况和地貌特征,包括居民地、道路、水系、植被等要素的分布与主要特征,地形类别、困难类别、海拔高度、相对高差等摄区详细信息。

基于摄区范围分布和地形、地物特点,确定航线敷设设计,如图 1.5 所示,确定测区航向重叠为 70%～80%,旁向重叠为 60%～70%,并根据镜头焦距为 35 mm、倾斜摄影地面平均分辨率为 1.5 m,正射摄影地面平均分辨率为 1 cm 等要求,确定航高设计。

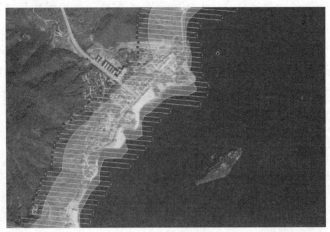

图 1.5　航线规划

2. 外业倾斜摄影测量

在天气晴好且风速微小稳定的情况下,组织实施倾斜摄影测量作业。无人机机组人员协调分工,分别调试无人机飞行器,保证其正常的飞行性能;检查相机传感器设备,保证电量充足、存储空间充裕;检查飞机弹射架等起飞装置,在拟定起飞场地安放牢靠,周边无安全隐患;检查飞行控制系统里任务计划设计是否完整、无偏差、满足技术要求;在协同配合下,无人机飞手执行起飞,并监视各项数据参数是否正常,适时修正飞行姿态保证正常作业,如图 1.6 所示。

无人机在起飞和降落阶段由地面操纵者使用遥控装置控制。当飞机到达安全高度可以稳定飞行时,则切换为自动驾驶模式,按照事先设定好的航线进行飞行作业。地面工作人员可以在地面监测飞机的飞行航线,必要的情况下,可以更改飞行计划,例如可以马上进行部分地区的补拍、临时进行航线调整等。拍摄结束后按照设定航线返航,在进入可视范围内之后由自动驾驶切入手控飞行,再由操纵者控制着陆。

图 1.6　无人机外业航飞作业

航摄作业具体实施过程中,应充分考虑当地的气候特点和地貌类型,选择操控技能优秀的操控手,按照既定飞行方案和时间窗口完成作业任务。

3. 飞行检校场

在倾斜摄影测量作业时,无人机搭载的航摄相机都内置全球定位系统(global positioning

system，GPS)和惯性测量单元(inertial measurement unit，IMU)，能够同步获取 GPS 时间、定位坐标、高度、角度等详细测量信息(内方位元素、外方位元素)，但相互之间仍会存在位置偏移及角度偏移，即存在视准轴误差、空间位置偏心差。同时还可能与 GPS 信号不完全同步造成时间同步误差。为获得这些误差的相对精确数值，需要进行检校(图 1.7)。在检校场获取的检校值适用于改正所有影像的初始外方位元素，故利用检校场处理获取的偏心角和偏移值对整个摄区范围的初始外方位元素进行改正，得到无系统误差的外方位元素成果。

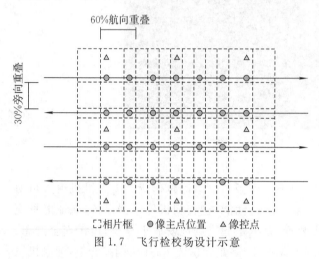

图 1.7　飞行检校场设计示意

关重要。

4. 数据预处理

航飞后的原始测量数据预处理是保证后续成果生产质量的重要步骤。

1)数字影像预处理

数字影像预处理一般包括影像数据的质量检查、重叠度检查及影像的匀光匀色处理等。对于大范围实景三维建模，在获取倾斜摄影测量数据时，由于飞行时间段不统一、航飞周期长且受天气、季节、光照等多种因素的影响，会导致原始影像色调、明暗度不同。因此对整个测区的原始影像进行去雾、匀光匀色处理，对后期实景三维模型的展示效果至关重要。

2)定位测姿系统数据处理

(1)ERC 文件处理。飞行控制计算机产生的 ＊.ERC 文件中包含了相机曝光时刻信息、摄站单点 GPS 伪距坐标、时间信息等内容，利用该记录文件可以获取曝光同步性及曝光连续正确性等信息。ERC 文件处理是指根据航摄飞行过程中摄影员记录情况对该文件中的记录内容进行正确性处理并进行适当的数据统计，通过处理，使得相机曝光时刻的记录与 ERC 文件中的曝光时刻的记录对应一致，为"定位测姿数据解算"环节提供参考数据，并通过适当的数据统计，了解相机曝光的同步性。

(2)GPS 数据处理。通过 GPS 原始观测数据的下载与预处理，将 GPS 原始观测 DAT 文件转换为统一数据格式(RINEX)的 O 文件和 N 文件，并分离出触发事件(event)TXT 文件，为 GPS 数据精处理(精密单点定位解算或差分解算)和点内插做数据准备。

(3)组合导航解算及外方位元素获取。结合以上数据及检校场解析空中三角测量成果数据，通过专门的解算软件解算出组合导航的结果，并通过检校场加密结果以及之前检校好的相机安装角度获取每张像片的外方位元素。

5. 阶段成果

外业倾斜摄影测量阶段的主要阶段成果包括：

(1)摄区完成情况图。

(2)相机技术参数。

(3)航空摄影飞行记录表。

(4)航空摄影技术总结。

(5)机载惯性测量单元(IMU)记录数据、机载 GPS 记录数据、地面 GPS 基准站及其附属仪器设备记录数据及数据处理结果。

(6)影像数据 1 套。

1.2.2　像片控制测量技术流程

像片控制点(photo control point,以下简称像控点)是直接为摄影测量的控制点加密或测图需要而在实地布设并进行测定的控制点,是航测内业加密控制点和数据处理的重要依据。像片控制测量就是野外实测所有布设的像控点的平面坐标和高程值。

像片控制测量主要包括准备工作、像控点布设、像控点测量、像控点刺点、整饰及现场记录等工作,技术流程如图 1.8 所示。

1. 准备工作

收集摄区内已有的地形图资料、影像资料等相关资料,可作为摄区踏勘、生产计划及各类 GPS 点布设等使用。

收集平面控制资料和高程控制资料,包括高等级 GPS 控制点成果、水准成果、区域似大地水准面精化成果及其他相关成果。

2. 像控点布设

测区像控点拟采用网络 GPS-RTK 技术施测,一般情况下均为平高点。像控点的布设需满足相关规定,大致要求如下:

(1)像控点按区域网布设,区域网布点应满足相关规定要求,区域网之间的像控点应尽量选择在上、下航线重叠的中间,相邻区域网尽量公用。像控点一般布设在航向及旁向六片或五片重叠范围内。

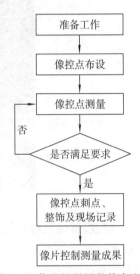

图 1.8　像片控制测量技术流程

(2)像控点所在的目标影像应清晰,易于判别。例如选在交角良好(30°～150°)的细小线状地物的交点、明显地物拐角点、原始影像中不大于 3×3 像素的点状地物中心。弧形地物及阴影、狭沟、尖山顶和高程变化急剧的斜坡等,均不宜选作刺点目标,如图 1.9 所示。

图 1.9　像控点布设

3. 像控点测量

像片控制测量首选基于连续运行基准站（continuously operating reference station，CORS）的网络 RTK 模式进行观测；在不能接收 CORS 网络 RTK 服务时，可采用"双基准站一次上点法"或单基站 RTK 测量。

若以上测量方法不能满足测量需要时，可采用其他等精度测量方法进行测量，但是必须事先征得技术主管部门同意后方可进行，同时需在技术总结中进行详细说明。图 1.10 为利用 RTK 进行像控点实地测量的场景。

图 1.10　利用 RTK 进行像控点实地测量的场景

4. 刺点、整饰及现场记录

控制点最终需要形成完整、翔实、准确的记录，并制作控制点测量报告（也称点之记）。因此，在控制测量过程中，控制点像片刺点、整饰和现场记录必不可少，并且有着相对严格的要求。

1）控制点刺点

传统像片刺点就是用细针在像片上刺孔，准确地标明像控点在像片上的位置，为内业提供判读和量测的依据。目前基本采用数字化刺点，即使用相关软件在数字像片上做标记，标识控制点所在精确位置，为后续解算提供精确控制点位置。图 1.11 为数字化刺点。

图 1.11　数字化刺点

2）整饰要求

条件允许的情况下，控制点要求做现场整饰，即用清晰的标识在实地标识点位，并在旁边标记预编点号，如图 1.12 所示。

3）现场记录

实地测量时需拍摄数码照片，在一个有利于判读的方向拍摄全景（视场较大，距离较远）照片一张。拍摄照片时应视野开阔，便于内业判读。标志牌方向应准确，尽量做到观测与拍照同时进行，以利于内业精确判读像控点与地物的关系，尽量避免遮盖物出现在照片中（遮蔽地物）。

外业测量人员在每个像控点观测结束后，必须完成观测记录表填写、像片刺点和描述，并检查合格后才能收站。观测记录表中要记录下照片号、仪器号，必须要对刺点处和高程测量情况进行描述。

5．阶段成果

像片控制测量阶段的主要阶段成果包括：

（1）仪器检定证书。

（2）像控点成果表。

（3）像控点点位报告。

（4）阶段技术总结。

1.2.3　空中三角测量技术流程

图 1.12　像控点标志

空中三角测量指的是用摄影测量解析法确定区域内所有影像的外方位元素。在传统摄影测量中，这是通过对点位进行测定来实现的，即根据影像上量测的像点坐标及少量控制点的大地坐标，求出未知点的大地坐标，使得已知点增加到每个模型中不少于 4 个，然后利用这些已知点求解影像的外方位元素，因而空中三角测量也称摄影测量加密或者空三加密，其技术流程如图 1.13 所示。

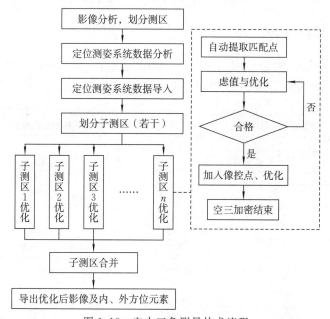

图 1.13　空中三角测量技术流程

目前,市面上成熟的航空摄影测量系统如 ContextCapture 、南方天云、南方 SouthUAV、Inpho 等都可以进行自动空三加密处理,如图 1.14 所示。

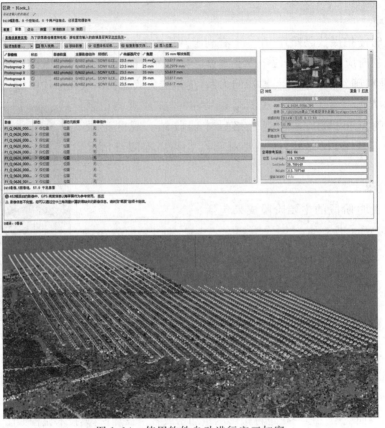

图 1.14　使用软件自动进行空三加密

1.2.4　三维建模流程

利用上述流程的成果,可以使用 ContextCapture 、南方天云、南方 SouthUAV、Inpho 等软件自动进行倾斜摄影测量三维建模。其主要流程如图 1.15 所示。

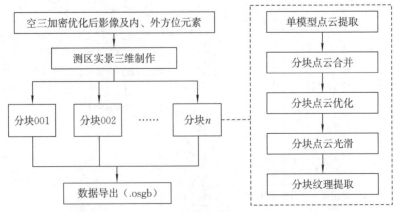

图 1.15　三维建模技术流程

在三维模型构建过程中,软件会通过多视影像密集匹配生成高密度三维点云,在点云基础上构建三角网,会生成不规则三维网(TIN)模型,三维网格模型经过封装,会生成三维白膜模型,通过对三维白膜模型进行纹理映射,最终生成具有真实纹理的三维模型,为后续数字地形图数据更新和采编提供实景三维模型数据。倾斜摄影测量三维建模效果如图 1.16 所示。

图 1.16　倾斜摄影测量三维建模效果

倾斜摄影测量三维建模阶段的主要成果包括:
(1)倾斜摄影测量三维模型(原则上按乡镇分块,城区按实际需求分区),数据为.osgb 格式。
(2)阶段技术总结。

1.3　基于倾斜摄影测量三维模型的地形图数据更新

基于最新时效的倾斜摄影测量三维模型,配合专业大比例尺地形图生产软件,采用基于倾斜摄影测量三维模型的立体测图方式,可以快速进行新增区域的地形采编和已有地形图数据的更新。本节以南方测绘新一代基础地理信息数据生产平台 SmartGIS Survey 为例,进行数字地形图生产与更新流程的简述。其三维立体采集界面如图 1.17 所示。

图 1.17　SmartGIS Survey 的三维立体采集界面

1.3.1 地形图数据更新总体流程

地形图数据更新首先需要结合已有历史地形图数据、最新的倾斜摄影测量三维模型成果、正射影像等其他参考资料定位实际发生更新的区域,再利用 SmartGIS Survey 软件采集、编辑更新区域内的地形、地貌要素及其属性,配合外业调绘等补充性工作,最终形成最新时效的大比例尺地形图。地形图数据更新流程如图 1.18 所示。

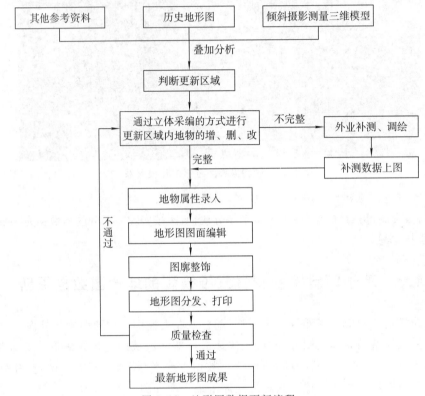

图 1.18 地形图数据更新流程

1.3.2 基于倾斜摄影测量三维模型的立体测图

立体测图指在实景三维模型上勾绘建筑物、道路、水系等各类地物要素,同时记录属性值的地形图生产方式。

1. 地物采集的基本要求和方法

建(构)筑物轮廓,如各类型房屋,提取轮廓通过采集附着于模型表面的点连线而成,并结合多种绘制方式如房棱采集、直角采集、直线采集来完成,三者分别通过房棱、线面直角关系、直线相交关系来确定建筑物轮廓。

房棱绘房法通过鼠标点击房屋的每一条棱,形成闭合图形来确定房屋的轮廓,适用于比较简单的房屋;直角绘房法原理与房棱绘房相同,但仅适用于每个面都相互垂直的房屋,如图 1.19 所示;直线绘房法是通过在房屋的每个面点击任意两点来确定一条直线,通过直线的相交形成闭合图形以确定房屋轮廓,适用于结构比较复杂的房屋,如图 1.20 所示。结合三种绘房方式综合处理各种复杂结构房屋和被遮挡房屋,保证采集精度。

（a）直角绘房中　　　　　　　　　　　（b）直角绘房完成

图 1.19　直角绘房法一

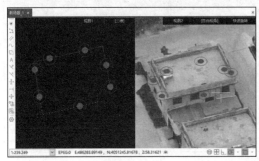

（a）直线绘房中　　　　　　　　　　　（b）直线绘房完成

图 1.20　直线绘房法二

　　线状要素包括道路、水系线、陡坎、地类界等，通过高精度倾斜摄影测量三维模型的旋转缩放，结合其细节丰富的纹理特征，识别上述地物的类型及走向，基于采集点直接附着于模型表面的特性，获取其平面位置及高程。图 1.21 为道路采集。

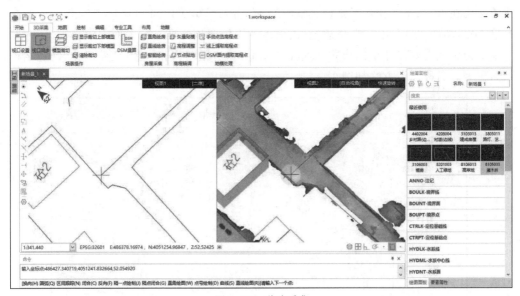

图 1.21　道路采集

　　点状要素包括电杆、路灯、井盖、控制点等，利用软件采集点自动捕捉点状地物中心点功能，进行高精度采集。对于高程点采集，利用软件对面实体、线实体进行手动或者自动提取，选择采集区域输入采集参数,实现对面内区域或线上高程点提取密度自动提取。图1.22为高程点采集。

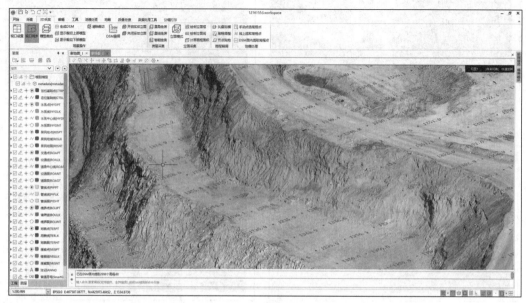

图1.22　高程点采集

对由于房屋、屋檐、门檐、树木等遮挡导致生成的模型局部变形,三维测图时不能准确采集的地物,用特殊符号标记,在后续安排实地补测、实地调绘。

2. 地形图编辑成图

在地物采集更新完毕后,需要按照地形图图式要求和制图标准进行图面的编辑和修饰。地物的样式在《国家基本比例尺地图图式 第1部分:1∶500 1∶1 000 1∶2 000 地形图图式》(GB/T 20257.1—2017)中有严格规定,图面表达需依照该标准进行图面编辑修饰。

重要的属性需要以注记的形式标注在图面上,如房屋结构和层数、道路名称、河流名称、高程点高程等。名称注记方式如图1.23所示。

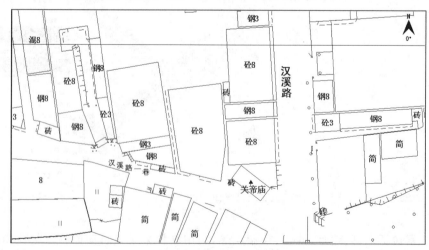

图1.23　名称注记方式

3．实地调绘和补测

外业调绘指将像片或地图带到实地进行核对、调查、补测、注记等工作。其主要是为获取制图地区航摄像片或三维模型上不易辨认或隐蔽不清的地貌、地物，以补航测像片或地图资料之不足。

相比传统立体测图，三维立体测图后的调绘补测工作量大大减少，调绘以现状为准，新增的道路、房屋、独立地物等在调绘时需要采用全站仪、卫星定位测量等方式补充采集。高楼阴影下或树林遮盖下无法准确判读的房屋等地物也要采用野外实测的方式补充采集，少量的不明显特征点可利用手持式激光测距仪或钢尺按交会法进行补测。

调绘完成后，形成外业调绘记录、草图和补测原始数据，如图 1.24 所示。

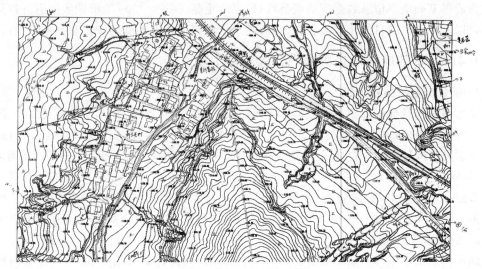

图 1.24　调绘草图（扫描件）

4．调绘数据上图

完成外业调绘工作后，参照外业调绘原图，依据相关技术标准，在原三维测图数据的基础上进行上图编辑，整合调绘和补测数据，形成完整地形图数据。

5．图廓整饰及分幅成图

项目中，1∶500 地形图数据要求提交标准分幅成果。使用 SmartGIS Survey 软件即可快速生成标准图廓整饰并输出 PDF 成果图，如图 1.25 所示。

图 1.25　图廓整饰示例（部分）

6．阶段成果

可根据实际需求，利用生产软件输出对应成果。一般来说，立体测图阶段的主要成果包括：①测区范围内 1∶500 地形图分幅数据（.mdb）；②测区范围内 1∶500 地形图分幅打印数据（.pdf）；③测区范围内 1∶500 图幅接合表；④阶段技术总结。

1.4 基础地理信息数据库建库

基础地理信息主要是指通用性最强、共享需求最大、几乎被所有与地理信息有关的行业采用、作为统一的空间定位和进行空间分析的基础地理单元。常规定义中,基础地理信息主要由地貌、水系、植被、居民地、交通、境界、特殊地物、地名等要素构成。而市县级基础地理信息数据库的主要构成部分包括行政区划范围内的大比例尺地形数字线划地图(digital line graph,DLG)数据、地形栅格数据、格网数据、相关元数据等。其中 1∶500 地形图数据是市县级基础地理信息数据库最重要的数据构成之一。

为确保基础地理信息数据库的现势性,需要将更新后的 1∶500 地形图数据进行整理入库处理。以下以此次项目的建库流程为例,简述地形图数据建库的基础知识和基本流程。

1.4.1 基础地理信息数据库建库的基本要求

1. 数据库数据结构组织

基础地理信息数据采用空间数据库来组织,包含数据库、要素类、要素三个层级。数据库由多个要素类组成,每个要素类由一个或多个具有相同几何类型(点、线、面、复合)的要素组成。要素类应按照要素的类别、几何类型和比例尺进行物理组织,包含每个比例尺的基础地理信息数据,应包含定位基础、水系、居民地及设施、交通、管线、境界与政区、地貌、植被与土质八大类要素数据。数据库中,要素分类、分层、属性、编码等要求都依照《基础地理信息要素数据字典 第1部分:1∶500 1∶1 000 1∶2 000 比例尺》(GB/T 20258.1—2019)及相关标准规定。

2. 数据库数据表达

地形图数据中包含的地物要素在数据库中依照其几何特征分为点、线、面、复合四种表示方式。

1)点要素

点状要素的表示有四种形式:标注点、定位点、有向点、地名定位点,示例如图 1.26 所示。

标注点指在一定范围内无实体对应的要素表现形式,如高程点等;定位点指有实体对应的要素表现形式,如灯塔、烟囱等;有向点指具有方向性的要素表现形式,如泉等;地名定位点为无实体对应的注记表现形式,指地名对应的点要素、线中心或面要素中心位置,如矿井地名、河流名称等。

图 1.26　点状要素示例(路灯、雨水箅子)

2)线要素

线状要素的表示有三种形式:线、中心线、有向线,示例如图 1.27 所示。

线指无实体对应的要素表现形式或轮廓(边),如等高线、境界线等;中心线指实体对应的要素表现形式,如地铁、公路等中心线;有向线指具有方向或符号化的要素表现形式,是依照一定方向采集的线,如单线河、陡坎等。

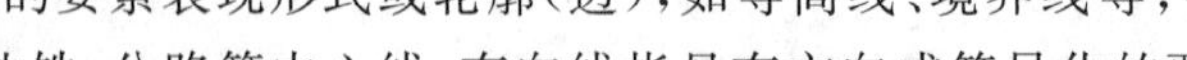

图 1.27　线状要素示例(围墙)

3）面要素

面状要素的表示有两种形式：轮廓线构面和范围线构面，如图 1.28 所示。

轮廓线构面用于表示具有明确边界的要素，如依比例尺房屋等；范围线构面用于表示没有明确边界的面要素，如油罐群、植被等。

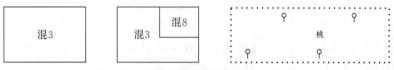

图 1.28　面状要素示例（房屋面、植被面）

4）复合要素

复合要素的表示由点、线、面或辅助制图的点、线、面组合而成，如自然斜坡在数据库中由坡顶线和坡面范围共同组成，如图 1.29 所示。

图 1.29　复合要素示例（喷水池、斜坡）

3. 数据库数据质量的基本要求

1）数学基础

坐标系、高程系统等符合项目规范要求。

2）几何精度

入库数据源的几何精度应不低于数据库的几何精度要求，在基础地理信息要素入库前处理、入库、管理、输出过程中应保持原始数据的几何精度。

3）属性要求

各要素类的属性分基本属性和专业属性，基本属性定义需完全依照《基础地理信息要素数据字典　第 1 部分：1∶500　1∶1 000　1∶2 000 比例尺》（GB/T 20258.1—2019），专业属性可根据需要扩充，但不得与已规定的属性项矛盾。

4）数据完整性要求

基础地理信息数据库中对于要素数据的完整性要求包括以下几个方面：

（1）要素分层应正确，无遗漏层、多余层或重复层的现象。

（2）要素图形应完整，无遗漏、多余或重复现象。

（3）要素属性值无明显错误、遗漏现象。

（4）注记应与要素相匹配，正确、完整，无遗漏、多余或重复现象。

5）数据逻辑一致性要求

基础地理信息数据库中对于要素数据的逻辑一致性要求包括以下几个方面：

（1）描述要素类型（点、线、面）定义符合要求。

（2）要素点、线、面等表示方式及关系应正确。

（3）要素集定义符合要求，要素应在正确的要素类中。

（4）面要素应闭合且具有唯一性。

（5）要素断开时主次应处理合理。

（6）要素宜以最小冗余表示。

(7)有向线宜按照左手法则确定线的起点及走向。

(8)要素位置关系应主次分明,综合取舍应合理。

(9)相邻要素的共线部分应无缝隙或交叉现象。

(10)线段相交或相接应符合实际情况,应无悬挂或过头现象。

(11)连续地物保持连续,无冗余的伪节点现象。

6)数据表征质量要求

基础地理信息数据库中对于要素数据的表征质量要求包括以下几个方面:

(1)要素几何类型表达正确。

(2)要素线划应光滑自然,节点密度适中,无折刺、回头线、粘连、自相交、抖动。

(3)一条折线上的内点不能重合,最小内点间距离必须大于 0.01 m。

(4)要素图形不应存在圆弧、样条曲线等不规则形状的线型,不存在变形扭曲等现象。

(5)要素的结构线应位于河流、沟渠、道路、堤等要素的概略中心。

(6)有方向性的地物,应记录其符号角度,显示正确。

1.4.2　基础地理信息数据入库流程

数据入库流程如图 1.30 所示。数据入库实施流程一般包括入库前的数据准备、数据加工与整理、数据整合、数据入库前检查、元数据整理、数据正式入库几个步骤。

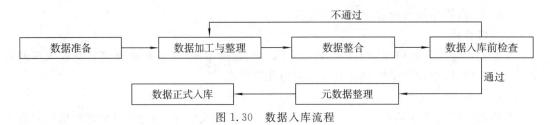

图 1.30　数据入库流程

1. 数据准备

由于不同格式的矢量数据存在差异性,并且表达方式和基础地理信息数据库要求的数据描述方式之间存在很大的差异,因此,数据入库之前需要做大量的准备工作,主要包括实体元素的错误纠正、多边形封闭性检测、重复地形要素的清理、道路和河流等某些特殊地形要素的处理、地形要素扩展属性的设置等。

2. 数据加工与整理

由于满足地形图成图要求的数据在表达方式和基础地理信息数据库要求的数据描述方式之间存在很大的差异,因此,地形图数据入库之前需要做大量的数据加工与整理工作,主要包括实体元素的错误纠正、多边形封闭性检测、重复地形要素的清理、道路和河流等某些特殊地形要素的处理、地形要素扩展属性的设置和填写等。这一步骤在整个基础地理信息数据入库中是最为重要的一项工作。

具体的步骤和工具使用将在下一节中详细描述。

3. 数据整合

由于在产生临时数据库时矢量数据是按照图幅为单元存放的,虽然在临时数据库中同一类要素存放在同一个数据集中,但是在图幅接边处可能会存在要素目标的断线,因此,在数据整合过程中,对于线要素要将要素在图幅分割处进行连接使其连续,对于面要素要将由于图幅分割而生成的多个目标进行合并生成一个目标。另外,对于公路网、铁路网、行政区划等,要将对应的原始数据进行重新整合生成。

4．数据入库前检查

数据入库前检查是在数据生产质量检查的基础上进行,采取两级流程实施,即抽样详查和全数概查相结合的方式。抽样详查是对上交的一批产品进行抽样(10%)检查和质量评定,结果为批质量的合格或不合格。如批质量合格(不合格单位产品少于5%),则进行全数概查。即对合格批次的全部产品根据质量标准逐件进行检验,以判断每一件产品是否合格。如果不合格品数累计超过5%,则判为不合格批次,应将该批次产品全部退回生产单位重新处理,直到合格为止。

对于入库前检查,主要检验完整性与结构一致性,以及图形精度、属性精度、接边精度、数据更新、要素关系的一致性等。

5．元数据整理

数字线划地图数据的元数据是按图幅为单位以文件方式进行组织的。元数据整理流程需要将元数据进行汇总整理,并将文本格式转换为关系表形式,以利于元数据的入库。

6．数据正式入库

将经过处理、符合数据库设计与入库要求的数据进行正式入库,形成正式的数据库成果。

1.4.3　地形图数据入库前加工与整理流程

本节介绍基于南方测绘 SmartGIS Survey 软件的地形图数据入库前加工与整理流程,如图 1.31 所示。

图 1.31　数据入库前加工与整理流程

1．转换整理方案配置

在正式的数据整理工作开始之前,需要进行已有数据的收集分析,确定数据处理的具体要求、步骤,再通过 SmartGIS Survey 软件进行整理方案和工具的自定义配置,如图 1.32 所示。在后续的处理步骤中可以通过这些已配置的方案进行自动化的数据加工和处理,减少人工数据处理的工作量。

SmartGIS Survey 的数据处理模块,可以实现各类已有工具的串联、组合,从而实现复杂的数据整理方案配置,实现零代码的工具集定制。

2．地形图数据预检

数据预检环节,需要对待入库数据进行初步检查,检查内容为命名错误、图层错漏、高程丢失、格式错误、数学基准定义错误等严重问题。如果有数据有这类问题,则需要将待入库数据退回上一步骤负责人员处进行整改。如果通过地形图数据预检,则进入下一环节。

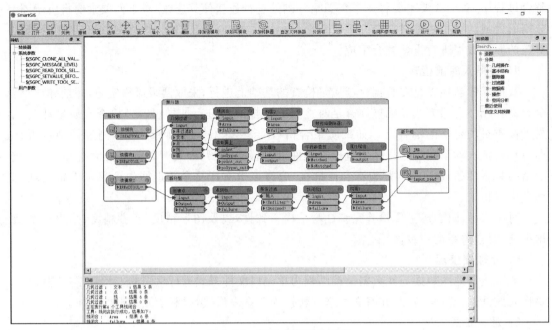

图 1.32　整理方案配置界面

3．数据转换

待入库数据来源可能有多种，如果地形图采编环节是使用 SmartGIS Survey 软件，则数据格式、分层结构等无须调整和转换；如果使用其他软件生成的地形图成果数据，则需要进行数据格式的转换和分层结构的重新对照，此时使用配置好的对照方案，可快速进行数据的转换。

4．数据分层整理

对于水系、居民地、道路等八大类地物，在数据建库时都有相对应的处理要求，根据数据情况并结合自动处理方案，对每一个图层的数据进行分层处理。在处理过程中，包括批量构面，其中包括居民地、水系、植被等的构面操作，为保证构面的效率与准确性，不同图层采用的构面方式也将会有所不同。在数据编辑处理的过程中，实时地对图面数据进行空间关系和拓扑关系的检查。

5．质量检查

作业人员在进行数据整理工作中和完成数据整理工作后，需要进行自检。使用定制好的质量检查工具，可以快速发现和定位错误，方便进行自检和纠错。

1.5　大比例尺地形图数据更新与建库项目质量检查

1.5.1　验收检查质量控制总则

根据《测绘成果质量检查与验收》（GB/T 24356—2009）相关技术规定，测绘产品需经"二级检查，一级验收"方可汇交成果数据。测绘单位执行一级检查、二级检查，由项目管理单位组织验收或各分项项目承担单位聘请质量技术监督管理部门认定的有资质的第三方检测机构执行验收。

1. 一级检查

一级检查(即过程检查)由项目承担单位实施作业的部门执行,全部成果均应在上级部门的监督指导下进行,自检全部合格后方可申请二级检查。

2. 二级检查

(1)二级检查(即最终检查)在作业部门完成一级检查的基础上进行,由项目承担单位专职质检部门执行。

(2)二级检查必须按照国家、行业相关标准和项目技术文件与合同等执行,检查内容、检查方式与最终成果验收内容一致,但检查抽样比例应适当加大。

3. 一级验收

一、二级检查完成后应尽快形成自检报告与检查意见,实时指导作业员对检查意见进行准确修改,并由项目管理单位组织验收或聘请质量技术监督管理部门认定的有资质的第三方检测机构执行最终成果验收。

4. 项目行政验收

行政验收由项目牵头的主管部门组织实施成果行政验收。

1.5.2　质量检查内容

成果质量检查包括以下内容。

1. 检查倾斜摄影测量三维模型

其包括检查实景三维数据产品的质量是否满足完整性、几何精度、逻辑一致性的要求,数据要素没有遗漏、点位满足设计精度要求、模型数据各组成部分的相对位置真实准确,所有数据在统一的参照系下,模型的平面坐标和高程数据应准确。

2. 检查地形图数字线划图(DLG)

其包括图面内容是否齐全、要素是否遗漏、符号是否正确、综合取舍表示是否合理等。

3. 检查地形图精度

其包括点位精度,图幅编号、坐标注记是否正确,地物绘制是否正确,接边是否妥当,图面要素是否齐全,注记及点线绘制是否符合要求。

4. 检查入库数据

(1)图形数据的检查包括要素分层的正确性检查、数据要素的完整性检查、精度检查、几何位置接边检查,图层中需要表达的内容是否有遗漏或冗余;线状要素的悬挂点、伪节点检查,孤立的点、线要素的合理性检查,线回折、硬折角检查;面状要素标识点及面拓扑检查,冗余的多边形碎片检查等。

(2)属性数据的检查包括属性表及属性字段的正确性检查、属性字段顺序检查、各数据记录的完整性和正确性检查、属性接边检查等。

(3)图形数据与属性数据的对应连接关系检查,图层中各要素与对应的属性项的表达是否一致等。

思考题

一、选择题(单选)

1. 倾斜摄影测量地面分辨率需要达到多少才能满足 1∶500 地形图生产的精度要求?
（　　）

    A. 1.5 cm　　　　　B. 5 cm　　　　　C. 10 cm　　　　　D. 15 cm

2. 无人机倾斜摄影测量像控点测量阶段的成果不包括以下哪项?（　　）

    A. 像控点成果表　　　　　　　　B. 阶段技术总结

    C. 像控点点位报告　　　　　　　D. 倾斜摄影测量三维模型

二、简答题

1. 请简述基于倾斜摄影测量的大比例尺地形图数据更新项目流程。

2. 请简述基于倾斜摄影测量的大比例尺地形图生产更新方式与传统地形图生产更新方式相比有哪些优势。

3. 请简述基础地理信息数据库数据质量的基本要求。

第2章 工程测量应用实例

在测绘界，人们把工程建设中的所有测绘工作统称为工程测量。实际上它包括在工程建设勘测、设计、施工和管理阶段所进行的各种测量工作。它是直接为各项建设项目的勘测、设计、施工、安装、竣工、监测及营运管理等一系列工程工序服务的。工程测量的服务领域在进一步扩展，而且正朝着测量数据采集和处理的自动化、实时化和数字化方向发展。

2.1 工程测量概述

2.1.1 工程测量的基本概念

1. 工程测量学的定义

工程测量学是研究地球空间（包括地面、地下、水下、空中）中具体几何实体的测量描绘和抽象几何实体的测设实现理论、方法和技术的一门应用型学科。它是测绘学在国民经济和国防建设中的直接应用。工程测量技术在国民经济建设、国防建设和科学研究等领域都占有重要地位，对国家可持续发展发挥着越来越重要的作用。

2. 工程测量的工作范围

工程测量的工作范围按服务对象分为建筑工程测量、水利工程测量、线路工程测量、桥隧工程测量、地下工程测量、海洋工程测量、军事工程测量、三维工业测量及矿山工程测量和城市工程测量等。按工程建设阶段，工程测量的工作范围则包括工程建设项目的规划、勘测、设计、施工、竣工和运营管理各个阶段所进行的所有测量工作。

2.1.2 工程项目不同阶段的工程测量内容

1. 规划设计阶段的工程测量内容

本阶段需要的工程测量工作主要有：准备与设计阶段相适应的比例尺的地形图；配合工程地质、水文地质勘探和水文测验工作；对于某些大型特种工程或地质条件不良地区的工程建设，施工过程中还要对场地、地层的稳定性进行观测或监测。

2. 施工建设阶段的施工测量内容

施工建设阶段测量的主要任务是：建立施工控制网；为建（构）筑物定线放样；为场地平整或土方开挖进行地形测绘；为工程验收和今后的运营管理测绘工程竣工图；变形观测及设备的安装测量；为保证工程质量，在正式施工开始时，监理工程师还要对施工单位的测量工作进行复测和抽查。

3. 运营管理阶段的变形监测

工程竣工后进入运营管理阶段必须对建（构）筑物进行变形监测。我国目前开展的变形监测内容主要有：基坑回弹测量；地基土分层沉降观测；建筑场地沉降观测；建（构）筑物的沉降观测；建（构）筑物水平位移观测；建（构）筑物倾斜观测；建（构）筑物裂缝观测；日照变形观测和风振测量。

从变形监测的类型来看,可以将上述八项变形监测工作中的前四项,称为沉降观测,后四项变形监测工作统称为位移观测。如果从采用的变形监测手段和方法的角度而言,可以把所有的变形观测方法归纳为两大类,即垂直位移观测和水平位移观测。

2.2　土方量计算

2.2.1　土方量计算的意义

土方量是土方工程施工组织设计的主要数据之一,包括填、挖土方量的总和,是采用人工挖掘时组织劳动力或采用机械施工时计算机械台班和工期的依据。在各种工程建设如铁路、公路、水利、电力、矿山、农业等建设中,土方量计算是一项经常性的、不可缺少的工作,并且在整个工程量中,土方工程常占有较大比例。土方量的大小与工程的投资直接相关,土方量计算精度的高低直接影响到建设工期和经济效益。需要合理地进行土方调配,节省施工费用,加快工程进度。

2.2.2　土方量计算的方法

土方量计算的方法多种多样,常用方法有断面法、三角网法、方格网法和等高线法等。

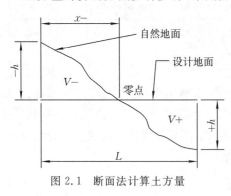

图 2.1　断面法计算土方量

1. 断面法土方量计算

用断面法计算土方量,首先在计算范围内布置断面线,断面一般垂直于等高线,或垂直于大多数主要构筑物的长轴线。断面的多少应根据设计地面和自然地面的复杂程度及设计精度要求确定。在地形变化不大的地段,可少取断面。相反,在地形变化复杂、设计计算精度要求较高的地段要多取断面。两断面的间距一般小于 100 m,通常采用 20～50 m。绘制每个断面的自然地面线和设计地面线,如图 2.1 所示("＋"表示填方,"－"表示挖方)。

然后分别计算每个断面的填、挖断面面积。计算两个相邻断面之间的填、挖土方量,并将计算结果进行统计。由于计算机的发展,面积计算已具有较高的精度,如采用辛普生法计算。断面法土方量的计算,通常仍采用由两端横断面的平均面积乘以两横断面的间距算得,称为断面法土方量计算公式,即

$$V = \frac{A_1 + A_2}{2} D$$

式中,A_1、A_2 分别为两个横断面面积,D 为两个横断面间的距离,V 为由公式计算的填、挖土方量。

2. 三角网法土方量计算

通过三角网来计算开挖量,具体为求三角网中每个三角形所对应的体积之和。若一个三角形所对应的开挖土方量为 w_i、回填土方量为 t_i,则总的开挖土方量为 $w = \sum_{i=1}^{n} w_i$,总的回填土方量为 $T = \sum_{i=1}^{n} t_i$。首先分析一个三角形所对应的开挖土方量 w_i 和回填土方量 t_i,然后将

所有的三角形对应的开挖土方量和回填土方量求和即可得到总体的土方量。

3. 方格网法土方量计算

将场地划分为若干个方格（20～50 m），实测或从地形图上得到每个方格角点的自然标高，根据设计标高，得出各点的设计标高与自然标高之差，确定零界线，计算出各方格的填挖土方量，所有方格的填挖土方量之和为整个场地的填挖土方量。该方法直观、易懂、计算简单，适用于大面积相对平缓的区域，原理如图 2.2 所示。

4. 等高线法土方量计算

等高线法主要适用于施工现场地面坡度变化趋势较大，整体地面高低起伏变化较多的情况。在对精度要求较低的工程概算时常使用该方法，但平原地区一般不采用这种方法。等高线法避免了在土方量计算时标注大量高程和高程点的内插等繁重的工作。

由于等高线一定是闭合的，所以对于闭合图形，可以计算其所围成区域的面积。在地形图上用求积仪求得每条等高线所包围的面积。相邻等高线所围成的图形可近似为台体或截锥体（特殊情况下为锥体），其面积可近似为相邻两个等高线所围成面积和的平均值；其体积为面积乘以两条等高线间的高差，得到相邻两等高线间的土方量；对

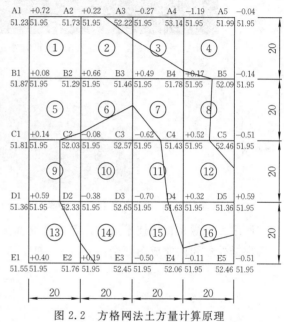

图 2.2　方格网法土方量计算原理

所有相邻等高线间的土方量进行求和即可得到整个区域内的总土方量。

用等高线法测量土方量时，首先要确定设计标高所在的等高线，然后从设计标高的等高线开始，分别向外和向里计算相邻两条等高线所围成面积和的平均值，向外为填方，向里为挖方，用面积乘以等高距即为体积，也就是相应区域的填方量或挖方量。

2.3　建筑物外立面测绘

2.3.1　立面测绘的基本概念

在城市建设过程中，有一部分建筑由于其历史、经济等原因需要进行保护和修缮，并建立完善的建筑档案资料。对建筑物进行外立面测量是掌握建筑数据资料中比较重要的一个环节，为城市更新过程中的改造施工提供基础性数据，也为后期的管理工作提供依据。

在建筑物外立面传统测量领域，想要得到建筑的外立面面积及建筑图纸，需要很频繁地用测距仪和量尺等进行拉线测量，耗费精力、时间及预算（图 2.3）。近年来，三维激光扫描技术被应用到建筑外立面测量中。这项技术大大提高了测量的精度，人力成本和时间成本大大降低，突破了传统测量的局限性，更加便捷（图 2.4）。

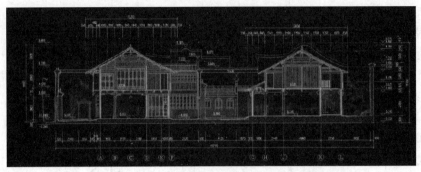

图 2.3 建筑物外立面测量成果图

图 2.4 三维激光运用于建筑物外立面测量

使用三维激光扫描技术进行建筑物外立面测量的总体技术流程主要包含外业数据采集、点云数据处理和内业成图三个主要部分,如图 2.5 所示。

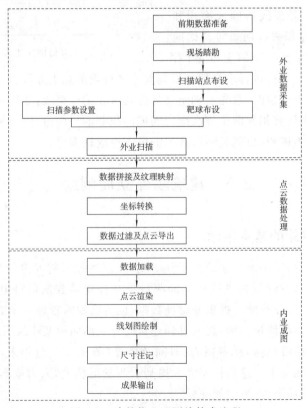

图 2.5 建筑物立面测绘技术流程

2.3.2　外业数据采集

外业数据采集阶段包括前期数据准备、现场踏勘、扫描站点布设、靶球布设、扫描参数设置和外业扫描这几个主要步骤。

1. 前期数据准备

在开始外业采集前,需提前准备相关数据。

2. 现场踏勘

勘察施工现场情况,针对扫描目标的现状结构设定扫描站点间距、布设靶球。

进行现场踏勘时需要注意设站环境的几点因素:

(1)不宜在有较大的灰尘、雾、雨或雪等情况下测量,否则可能导致不正确的测量结果。应避免在以上条件下进行扫描。

(2)应避免在阳光直射的情况下扫描对象。观测对象或表面直接受到明亮阳光照射,可能导致受到照射区域中的扫描数据缺失,距离噪声可能增大。

(3)高吸收或高反射表面会增大扫描数据中的距离噪声,从而导致测量不精确。如果这些表面十分重要,则应使用显影剂或防眩光喷雾等材料对它们进行处理。

3. 扫描站点与靶球布设

以单栋建筑为例,建筑面积为 30 m×10 m。围绕建筑外围四个面,以红球作为仪器摆放位置,站点间距为 10~20 m。建筑的每个面都有等距的 3~4 个站点,站点数参照建筑面的宽度。

4. 扫描参数设置

使用三维激光扫描仪进行外业扫描作业之前,需要根据数据分析要求、精度要求设置仪器的扫描参数,确保数据的精确度。

5. 外业扫描

使用三维激光扫描仪进行外业扫描时,平稳固定安装三脚架是保证三维激光扫描仪设备安全的前提,所以需要了解如何安装三脚架。第一步,展开并锁定三脚架的所有支脚,检查三脚架的调节装置是否已锁定,并且每个支架长度相等,确保表面平稳,固定三脚架的支脚,并且三脚架牢固安装到位。第二步,架设好三脚架后可将扫描仪安装到三脚架上,并锁紧固定件。为保证连接紧密,可试着轻轻从三脚架上抬起扫描仪来测试其是否已正确锁定到位。第三步,扫描仪安装好后需要取下镜头保护套,打开电池仓,放置电池及数据存储卡。

当全部准备工作完成后,准备扫描仪开机。按下扫描仪的电源开关按钮,扫描仪状态显示灯将呈蓝色闪烁。当扫描仪准备就绪后,状态显示灯会停止闪烁并呈蓝色常亮;在扫描仪的集成触摸屏上,新建项目及编码,根据扫描场景设置扫描参数。参数设置完成后就可进行外业扫描,获取点云数据。

扫描过程中,须同时借助卫星定位测量等技术对参考标靶坐标进行测量,并将其作为点云坐标和目标坐标系二者之间转换的依据。

外业扫描注意事项包括:

(1)禁止站在扫描仪镜头两侧,防止遮挡被扫描物体。

(2)禁止在扫描过程中移动扫描仪,应等扫描完全结束后再换下一站点。

(3)换站点的时候应保证下一站点与上一站点有 30% 左右的公共扫描部分。

（4）棋盘板（标靶纸）放在离扫描仪 5 m 范围内效果最佳。

（5）靶球放在离扫描仪 10 m 范围内效果最佳，至少放 3 个球，摆放的位置不能在同一个平面上，也不能在同一条直线上。

（6）如果需要转换坐标，只需在某一站点扫描附近摆放 3 张标靶纸即可，然后再将这些标靶纸的中心点坐标测出。但是为了防止在扫描过程中出现被遮挡或被风吹动等现象，最好多放一些靶纸分散在不同的扫描站点，这样既可以使整个场景都均匀分布有坐标点，也可以有更多的设站选择。

（7）转换坐标时最好测量标靶纸中心点坐标，而且拼接误差和坐标测量误差最好不要超过 3 cm，以保证能转换成功。

（8）如果镜头蒙灰严重，需用清洁液和清洁纸进行擦拭。

（9）碰到雾霾、灰尘大、下雨等恶劣环境时不建议使用扫描仪。

（10）扫描前尽量使扫描仪保持水平。

2.3.3　点云数据处理

采集到的数据由内业人员在计算机上进行点云数据处理，该过程包括点云数据预处理、拼接及纹理映射、坐标转换，导出完整数据，绘制每栋建筑物立面图和平面图，并归档编号。

1．数据拼接及纹理映射

将扫描后的点云导入扫描仪配套的后处理软件中，如图 2.6 所示。点击应用图片按钮，将图片上的颜色信息赋予点云，然后根据外业扫描记录拼接每一栋建筑物。每拼接完成一栋建筑物需对其进行统一的编号和命名，以保证在后续的导出、转化、绘图等操作时能准确地找到该数据，以方便归档。

图 2.6　数据拼接

2．坐标转换

坐标转换主要是根据控制点和靶球坐标等信息，纠正点云数据的坐标，提升精度。

3. **数据过滤及点云导出**

数据过滤采用手动选择和软件自动筛选两种模式进行冗余数据和噪点数据的过滤删除，进行数据优化，保留主体数据，如图 2.7 所示。这样能有效地减少数据量，提高作业效率。而后再利用裁剪框工具将单个建筑物框选出来，导出点云。

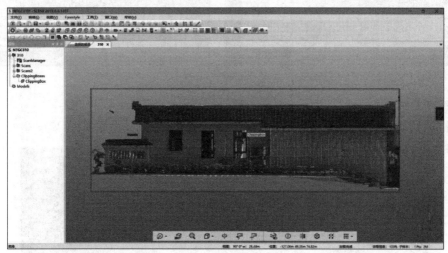

图 2.7　数据过滤

2.3.4　内业成图

内业成图环节是建筑物外立面测绘的最终作业环节，是基于处理后的点云数据，以目视解译的形式勾绘出建筑物外立面主体形状、建筑物外立面主要构件(如门、窗、柱等)，并根据数据提交标准进行相应的图面整饰的过程。以下以南方 SouthLidar 软件为例，介绍外立面内业成图步骤。

1. **数据加载**

在点云模块菜单中点击"打开文件"，选择处理好的点云数据，点云数据将加载到文件列表的点云图层，如图 2.8 所示，并在右视图中显示。

图 2.8　点云加载

2. **点云渲染**

为了便于辨别点云地物，更好地理解点云及结构，加载点云数据之后，需要对点云数据进行渲染。SouthLidar 可按点云高程、强度等信息进行渲染赋色，如图 2.9 所示。

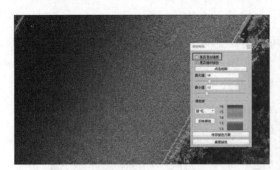

图 2.9　点云渲染

3．线划图绘制

利用"直角绘制""直线绘制"等工具,绘制需要采集的建筑立面线划图,如图 2.10 所示。

图 2.10　建筑立面线划图绘制

4．尺寸注记

绘制好的图纸需要对其进行尺寸标注。首先设置好标注样式,这样能使图面更直观、更整洁,便于尺寸设计;接着再根据图纸,分别标注出建筑立面图各部位的尺寸信息,如层高、门窗、阳台等尺寸。

5．成果输出

将绘制好的立面图按所需格式导出,如图 2.11 所示。

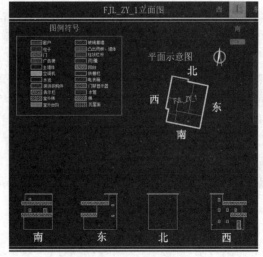

图 2.11　立面图成果

2.4　数字化施工

2.4.1　数字化施工概述

1. 数字化施工的基本概念

数字化施工是指运用数字化技术辅助工程建造,通过人与信息端交互进行,主要体现在表达、分析、计算、模拟、监测、控制及其全过程的连续信息流的构建。

数字化施工的本质在于以数字化为基础,驱使工程组织形式和建造过程的演变,最终实现工程建造过程和产品的变革。

数字化作业是数字化施工的基础,通过物联网(IoT)技术自动采集现场作业过程和要素对象的数据,关联建筑实体的数字化建筑信息模型(building information model,BIM),存储到项目数据中心,让施工现场作业数据留痕,可查询可追溯,便于项目管理人员随时随地了解和管控项目。

系统化管理是数字化施工的核心,通过“BIM+智慧工地”平台,实现全过程、全业务、全生产资源的协作管理,最终做到协作执行可追踪、管理信息零损耗、决策过程零时差。

智能化决策是数字化施工的目标,在作业全面数字化、管理系统化以后,企业和项目管理层通过数据平台可以实时了解项目信息,通过海量数据,在有效的业务分析模型下,实现对企业和项目的智能决策,赋能企业更好地管理和服务项目。

2. 数字化施工的技术原理

1) 系统架构

数字化施工系统总体由前端数据采集、移动网络传输、后台数据中心三大部分构成。前端数据采集包含机械定位采集、作业状态采集、动作数据采集等;移动网络传输主要指前端数据通过移动运营商以有线或无线网络形式传输至数据中心;后台数据中心主要包含服务器、数据库、信息大屏等软硬件。

数字化施工整体架构如图 2.12 所示。

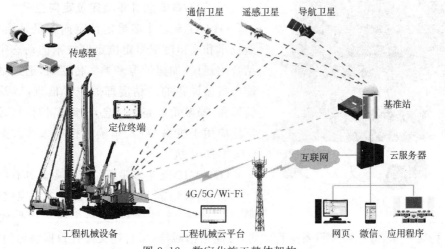

图 2.12　数字化施工整体架构

2)关键技术

(1)传感器技术。数字化施工融合了导航、遥感、物联网、地理信息系统(GIS)、传感器、通信、软件工程等多种技术,实现了前端数据采集、数据无线传输及后端可视化管理。传感器作为信息获取的重要手段,与通信技术和计算机技术共同构成信息技术的三大支柱。前端硬件系统集成了多种专用传感器,保证施工数据的真实性、准确性和可靠性。

(2)卫星定位测量技术。全球导航卫星系统(GNSS)主要由空间部分、地面控制部分和用户设备组成。基于全球导航卫星系统的卫星定位测量,是一种多用途、多机型、多模式的空间定位技术。与传统的测绘方法相比,主要有定位精度高、选点灵活、费用低、全天候作业、观测速度快、功能齐全、应用广泛等特点。采用卫星定位测量技术,不仅可向用户提供连续、实时、高精度的三维位置、航向角度、速度和时间信息等技术参数,而且具有良好的抗干扰性和保密性。连续运行基准站(CORS)系统,用于为现场定位设备提供高精度厘米级差分定位服务。同时,基站具备网络差分计算(包括网络实时动态差分和网络码差分)、单站差分(包括常规实时动态差分和单站码差分)等计算能力。在系统有效范围内,即在可以进行网络或常规实时动态差分测量作业的区域,利用单台接收机和数据接收设备可进行高精度的厘米级实时定位。

(3)网络传输。网络传输实现了实时动态管理施工数据,大大提高了施工过程的监测效率和管理准确性,可避免施工过程中质量监控不足导致的隐患,并为施工过程提供决策辅助;竣工完成后的系统(含数据库),可以为未来的运行维护管理提供宝贵的施工基础数据库,具有可追溯性。

(4)大数据与云计算。以先进的信息技术为依托,将施工过程各类资源有效整合起来,打造一套技术先进的数字化管理平台,通过接口方式,实现施工过程可视化、管理科学化,优化施工过程资源配置。监控中心及机房是核心所在,是执行日常监控、系统管理的重要场所,同时也是数字化监控系统稳定、可靠、安全运行的先决条件。承载工作人员日常查阅各类统计数据、收发现场数字化设备运行任务、数字化管理例会等重要功能,是实现管理高度集中化、管控一体化的重要保障。

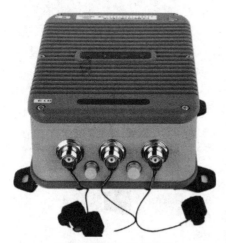

图 2.13　G13/G15 主机

2.4.2　数字化施工硬件

1. G13/G15 北斗多星定位定向主机

G13/G15 北斗多星定位定向主机是结合惯性导航技术和高精度卫星定位定向技术的动态定位系统,结合陀螺仪、加速计等多类型传感器,通过融合算法,输出机械设备的高精度即时位置信息,以及航向角、俯仰角、横滚角等姿态信息,实时监控机械运行状态,广泛应用于机械控制、车辆监控等领域。图 2.13 为 G13/G15 主机。

G13/G15 北斗多星定位定向主机具有以下特点:

(1)高效稳定。G13/G15 北斗多星定位定向主机采用 Cortex-A5 处理器,支持多线程操作模式,运算速度快,稳定可靠,智能调控设备运行状态,多路数据回传,可自定义配置数据输出间隔。

(2)一体双天线。G13/G15 北斗多星定位定向主机通过两个卫星天线组成的向量,在实现高精度定位的同时,也可以测定高精度的方位信息,可用于各类运动载体的定位定向和测姿,位置精度优于 2 cm,测速精度优于 0.03 m/s,定向精度优于 0.2°(1 m 基线)。

(3)全星座接收。G13/G15 北斗多星定位定向主机应用多星座多频段接收技术,全面支持所有现行的和规划中的导航卫星信号,特别支持北斗三频 B1/B2/B3、支持单北斗系统定位。

(4)智能平台。G13/G15 北斗多星定位定向主机使用嵌入式 Linux 操作系统和南方智能云端,接收机不再是一台独立的硬件设备,而是一个完整的智能系统,结合网页版数据云服务平台,实现在线注册等远程管理及数据交互服务。

2. G31/G35 北斗高精度一体机

G31/G35 北斗高精度一体机,如图 2.14 所示,是集北斗高精度定位定向功能、平板计算机于一体,有效集成各类传感器的高精度工业级操作终端,它采用一体化、工业三防设计,可应用于工程机械、农业机械、矿山机械、港口机械、运输机械、铁路机车等生产作业机械控制领域。

图 2.14　G31/G35 北斗高精度一体机

G31/G35 北斗高精度一体机具有以下特点:

(1)高端配置。G31/G35 北斗高精度一体机具备高清大屏、安卓操作系统,内置北斗高精度定位定向板卡及电台模块,高效集成。

(2)北斗高精度定位。G31/G35 北斗高精度一体机内置高精度定位定向板卡,定位精度可达厘米级,支持全星座卫星系统接收。

(3)强固型结构。G31/G35 北斗高精度一体机采取工业三防标准设计,具备 IP65 防护等级,坚固耐用,可以从容应对各类复杂工况环境。

(4)多数据接口。G31/G35 北斗高精度一体机数据接口丰富,支持外接传感器,支持二次开发,适用于多类型应用场景。

(5)多数据链选择。G31/G35 北斗高精度一体机数据链快速稳定,支持电台、网络等数据链模式,供多类型数据链进行选择。

(6)电源稳定。G31/G35 北斗高精度一体机采用宽电压设计,具有过流过压保护、上电自启动功能,可适应复杂工作环境。

2.4.3　数字化施工系统

1. 复合地基质量管理系统

以 CFG 桩(水泥粉煤灰碎石桩)长螺旋钻孔管内泵压混合料成桩施工为例,桩基施工过程中需要对各项施工参数进行严格的控制,包括桩位、桩长、持力层电流值、垂直度、拔管速率、桩身混合料充盈度等。否则就会导致施工过程中及成桩后的各种问题,即桩位偏移、桩长不足、断桩、桩身夹泥等严重的桩身质量问题。由于 CFG 桩施工后禁止一切大型设备进入的特殊性,造成了断桩、问题桩处理难度大、处理费用高、处理工时长等问题。传统的控制措施是增加项目管理人员全程监督指导施工并手工记录各项施工参数,现场施工指挥人员和钻机操作手相互配合,这就大大增加了施工难度和施工成本,并且施工参数的控制更偏向于施工人员的施工经验,并不是每一根桩基的成桩质量都得到十足的保证。复合地基质量管理系统通过互联网和传感器技术很好地解决了这些难题。

1)系统架构

CFG 桩复合地基质量管理系统由北斗天线、倾斜传感器、进料传感器、电流传感器、车载终端一体机及连续运行基准站组成,如图 2.15 所示。

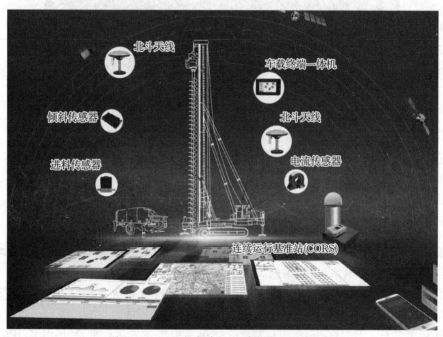

图 2.15　CFG 桩复合地基质量管理系统架构

2)系统功能

各个模块通过安装在 CFG 桩钻机上的各种传感器和定位装置,收集整理各种相关的施工参数,并通过电子显示屏将这些施工参数实时地展现给钻机操作手,指导操作手的钻进作业,当施工参数与设计要求出现偏差时,就会触发系统内置的报警装置,提醒钻机操作手及时纠正。

同时施工信息传输模块会将施工完成的每一根桩的施工信息实时上传到互联网桩基数字化施工平台上,项目管理人员只需登录桩基数字化施工平台,就可以不用到施工现场也能实时地获得每一根桩的施工参数,保证施工质量。在 CFG 桩施工正式开始前,需要对一定数量的具有代表性的 CFG 桩进行试桩,并进行相应的低应变检测和单桩承载力检测,试桩成功,并且得到钻机钻进速度、拔管速度、混合料各项指标、泵送速度、持力层电流值等施工参数,修改完善施工工艺后就可以按照得到的施工参数指导大面积的桩基施工作业。使用复合地基质量管理系统能够直观准确地获得施工参数,对后续的施工具有指导性意义。

3)价值与意义

复合地基质量管理系统通过传感器技术和互联网技术实现了桩基施工参数的全过程控制,方便项目管理人员远程实时有效地监控现场的施工情况,既保证了施工质量,又提高了施工效率,摆脱了桩基质量只能依靠施工经验的现状,实现了桩基数字化施工时代。

2. 南方路面施工信息化管理系统

南方路面施工信息化管理系统是一套以实现公路路面建设施工信息化及施工质量监管智能化为目的的整体解决方案。方案以一条无缝连接的数据流为核心,贯穿于工程建设的前期准备、机械作业、进度控制、质量管理等整体过程,运用了先进的北斗高精度卫星定位技术、物联网技术、移动互联网技术、多功能传感器技术、信息可视化技术及云计算技术等多项前沿技术,将建设过程中所有的生产数据实时显示、上传、下载及存档,使项目管理者能够随时随地掌握施工动态、施工组织者能够轻松高效地制订施工计划、机械作业人员能够简单直观地操控机械、安全质量检查人员能够有效地监控质量。

1)系统架构

南方路面施工信息化管理系统主要针对沥青混合料、水稳混合料拌合过程及混合料的摊铺碾压过程进行实时监控。系统建立了路面施工过程中重点数据的质量数据库,实现了由低效率的事后质量检测,向高效率的实时动态质量监测的转变,与实地取样检测同时使用,将达到事半功倍的效果,从而提高公路建设中的质量管理效率,达到减少公路建设成本投入的目的。

该系统由拌合站管理模块、物料运输信息化管理模块、路面摊铺信息化管理模块,路面碾压信息化管理模块及路面施工管理云平台五个部分组成,如图 2.16 所示。

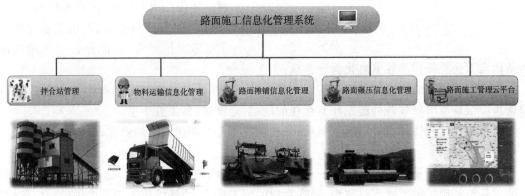

图 2.16　路面施工信息化管理系统架构

2)系统功能

(1)拌合站管理模块,可实现对混合料剂量、材料用量、温度等数据的实时监控。

(2)物料运输信息化管理模块,可实现对运输车辆的实时定位、门禁管理、运动路线查询回放等功能。

（3）路面摊铺信息化管理模块,可实现对摊铺速度、温度、厚度、作业里程等信息的实时监控。

（4）路面碾压信息化管理模块,可实现对碾压设备位置、温度、遍数、轨迹、振动状态等施工过程数据的实时监控。

（5）路面施工管理云平台,可实现监控信息可视化查看、预警查询及办理、参数设定、数据统计分析、数据下载等多项功能。

3. 南方基础施工企业信息化管理系统

南方基础施工企业信息化管理系统是广州南方测绘科技股份有限公司研发的集高精度北斗卫星定位技术、物联网技术、移动互联网技术、多功能传感器技术及云计算技术等多项前沿技术于一体的基础施工企业信息化管理方案。

该系统以"互联网＋"为理念,将基础施工全过程信息化、数字化、可视化和智能化,可实现对静压机、长螺旋桩机、锤机、强夯机等基础机械,以及手持卫星定位测量设备、企业人员、运输车辆等的信息化管理,从而提高桩基础企业的整体管理水平和持续经营能力。

1）系统架构

该系统由施工机械车载端、信息化管理平台、施工云管家手机端应用程序构成,如图 2.17 所示。

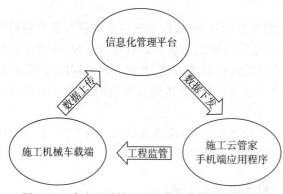

图 2.17 南方基础施工企业信息化管理系统架构

2）系统功能

施工机械车载端可实现桩位偏差查看,夯击遍数、深度、倾斜度等各类基础机械关键参数的管控、施工记录查询等功能,可实现桩点定位导航,无须进行传统人工放线工作,降低误差,全天候作业。

信息化管理平台将实时的施工数据进行存储、处理并展现,通过互联网、物联网一体化的服务模式,实现基础机械实时位置显示、施工偏差查看、施工数量统计、生成施工记录表、智能办公等多项功能,为基础施工企业提供远程信息化管理办法。

施工云管家手机端应用程序让施工管理人员可以快速把控现场施工质量、施工进度,并可根据预警信息及时处理各种施工环节存在的问题,运筹帷幄,决胜千里。

该系统设计人性化、规范化、智能化,各项性能指标均能达到用户要求。

3）应用价值

该系统适用于基础施工设备较多且有信息化需求的基础施工企业,通过对分布于各项目工地的各类基础机械实施实时监控、远程管理的施工模式,为基础施工企业提供远程信息化管理办法。该系统的主要优势如下:

（1）管理规范化。推动管理流程的标准化、规范化,改善以往靠经验、靠人管理的局面。

（2）提升施工效率。基于北斗高精度定位,智能引导施工。基于引导显示装置指挥,无须人工放样,节省人力。不受场地制约、不受时间和天气影响,全天候作业。

（3）保证施工质量。减少人为误差。施工指标实时监控、智能预警。

（4）成本可控化。远程管理降低管理成本，施工材料用量精准把控，有效避免少用多报的情况。质量与进度双重把控，避免返工与浪费。

思考题

一、选择题（单选）

1. 工程控制网的分类不包括下列哪一项？（　　）
   A. 测图控制网　　　B. 施工控制网　　　C. 三角网　　　D. 变形监测网

2. 工程测量是一门测定（　　）的科学。
   A. 平面位置　　　B. 高程　　　C. A、B 都不是　　　D. A、B 都是

3. 下列关于工程控制网的布设，描述错误的选项是（　　）。
   A. 要分级布网、逐级控制　　　　　　B. 可自行制定规范
   C. 为地形图的测绘提供基础信息　　　D. 要有足够的点位密度

4. 下列关于地形图测绘，描述正确的选项是（　　）。
   A. 工程测量领域一般所需的地形图都是小比例尺地形图
   B. 测图比例尺越大，费用越低
   C. 实地地形图测绘是以地理中心点为依据，按一定的步骤和方法将地物和地貌测定到图纸上，并用规定的比例尺和符号绘制成图
   D. 通过地形图，可计算两点间的坡度

5. 下列关于土方量计算，描述错误的选项是（　　）。
   A. 土方量计算，一般只需计算挖方量
   B. 在较为平坦的平原区和地形起伏不大的场地，宜采用方格网法
   C. 方格网法适用于大面积且地势起伏较大的区域的土方量计算
   D. 在土方施工前必须对原始地形进行测绘

6. 下列关于立面测绘，描述正确的选项是（　　）。
   A. 三维激光扫描技术大大提高了立面测绘的精度，人力成本和时间成本大幅降低
   B. 三维激光扫描测量系统可在有雾、降雨或降雪等复杂天气状况下进行测量
   C. 无法应用点云数据绘制线划图形
   D. 立面测绘不能用于文物的保护与修复

二、简答题

1. 使用方格网法计算土方量的前提是什么？并简述其原理。
2. 工程测量的主要工作内容有哪些？
3. 简述什么是数字化施工。

第3章 卫星定位测量技术在变形监测中的应用

我国幅员辽阔、经纬度横跨大、人口众多。相对应的各种地质灾害、建筑病害等问题也十分突出,加强灾害监测预警能力建设,提供准确的预报警报服务,对提高灾害防御能力和保护人民生命财产安全具有很强的意义。本章主要介绍卫星定位测量技术在变形监测中的应用,详细说明各种灾害情况及相应的监测内容。

3.1 卫星定位测量监测系统简介

3.1.1 各大导航卫星系统

全球导航卫星系统(global navigation satellite system,GNSS)是能在地球表面或近地空间的任何地点为用户提供全天候的三维坐标和速度及时间信息的空基无线电导航定位系统,包括一个或多个卫星星座及其支持特定工作所需的增强系统。

全球导航卫星系统国际委员会公布的全球四大导航卫星系统供应商,包括美国的全球定位系统(GPS)、俄罗斯的格洛纳斯导航卫星系统(GLONASS)、欧盟的伽利略导航卫星系统(Galileo)和中国的北斗导航卫星系统(BDS)。其中,BDS 和 GPS 已服务全球,性能相当;功能方面,BDS 较 GPS 多了区域短报文和全球短报文功能。GLONASS 虽已服务全球,但性能相比 BDS 和 GPS 稍逊,并且 GLONASS 轨道倾角较大,导致其在低纬度地区性能较差。Galileo 的观测质量较好,但星载钟稳定性稍差,导致系统的可靠性较差。

1. GPS

美国国防部于 1973 年决定成立 GPS 计划联合办公室,由军方联合开发全球测时与测距的导航定位系统(navigation system with time and ranging,NAVSTAR),后改称为 GPS。整个系统的建设分为 3 个阶段实施:第一阶段(1973—1979 年),系统原理方案可行性验证阶段(含设备研制);第二阶段(1979—1983 年),系统试验研究(对系统设备进行试验)与系统设备研制阶段;第三阶段(1983—1988 年),工程发展和完成阶段。

1996 年提出 GPS 现代化计划,20 多年来,美国持续推进 GPS 现代化计划,主要目标是提高空间段卫星和地面段运控的水平,将军用与民用信号分离,在强化军用功能的同时,将民用信号从 1 个增加到 4 个,除了保留 L1 频点上的 C/A 码民用信号外,在原先的 L1 和 L2 频点上增加了民用 L1C 和 L2C 码,还新增加 L5 频点民用信号,大大增加了民用信号的冗余度,从而改进了系统的定位精度、信号的可用性和完好性、服务的连续性,以及抗无线干扰能力,也有助于高精度的实时动态差分(real-time kinematic,RTK)测量和在长短基线上的应用,还有利于飞机的精密进场和着陆、测绘、精细农业、机械控制与民用室内增强的应用,以及地球科学研究。

2. 北斗系统

20 世纪后期,中国开始探索适合我国国情的导航卫星系统发展道路,逐步形成了三步走发展战略:2000 年年底,建成北斗导航卫星试验系统即北斗一号(BeiDou navigation

demonstration system，BDS-1)，向中国提供服务；2012 年年底，建成北斗二号区域系统，向亚太地区提供服务；2020 年，建成北斗三号全球系统，向全球提供服务。2035 年前还将建设完善更加泛在、更加融合、更加智能的综合时空体系。

北斗导航卫星系统(以下简称北斗系统)是中国着眼于国家安全和经济社会发展需要，自主建设、独立运行的导航卫星系统，是为全球用户提供全天候、全天时、高精度的定位导航和授时服务的国家重要空间基础设施。

北斗系统由空间段、地面段和用户段三部分组成。空间段由若干地球静止轨道卫星、倾斜地球同步轨道卫星和中圆地球轨道卫星组成。地面段包括主控站、时间同步信号与其他信号注入站和监测站等若干地面站，以及星间链路运行管理设施。用户段包括北斗及兼容其他导航卫星系统的芯片、模块、天线等基础产品，以及终端设备、应用系统与应用服务等。

北斗系统可在全球范围内全天候、全天时为各类用户提供高精度、高可靠的定位导航授时服务，并且具备短报文通信能力，定位精度为分米、厘米级别，测速精度 0.2 m/s，授时精度 10 ns。随着北斗系统建设和服务能力的发展，相关产品已广泛应用于交通运输、海洋渔业、水文监测、气象预报、测绘地理信息、森林防火、通信时统、电力调度、救灾减灾、应急搜救等领域，逐步渗透到人类社会生产和人们生活的方方面面，为全球经济和社会发展注入新的活力。

3．GLONASS

1976 年苏联颁布建立 GLONASS 的政府令，并成立相应的科学研究机构，进行工程设计。1982 年 10 月 12 日，第 1 颗 GLONASS 卫星成功发射。1996 年 1 月 24 颗卫星全球组网，进入完全工作状态。苏联解体后，GLONASS 步入艰难维持阶段，2000 年年初，该系统仅有 7 颗卫星正常工作，几近崩溃边缘。2001 年 8 月，俄罗斯政府通过了 2002—2011 年 GLONASS 恢复和现代化计划。2001 年 12 月发射成功第 1 颗现代化卫星 GLONASS-M。直到 2012 年该系统回归到 24 颗卫星完全服务状态。

4．Galileo

欧盟全球导航卫星系统(European global navigation satellite system，E-GNSS)改称 Galileo 导航卫星系统。Galileo 第 1、2 颗试验卫星 GIOV-A 和 GIOV-B 于 2005 年和 2008 年发射升空，目的是考证关键技术，其后有 4 颗工作卫星发射，验证 Galileo 的空间段和地面段的相关技术。在轨验证(design and on-orbit verification，IOV)阶段完成后，其他卫星的部署进一步展开，截至 2022 年，Galileo 共有分布在 3 个轨道上的 30 颗等高度轨道卫星，每个轨道面上有 10 颗卫星，其中 9 颗正常工作，1 颗运行备用。

3.1.2　卫星定位测量原理

卫星定位测量技术是指通过观测全球导航卫星获得坐标系内绝对定位坐标的测量技术。全球导航卫星系统(GNSS)是所有导航定位卫星系统的总称，凡是可以通过捕获跟踪卫星信号实现定位的系统，均可纳入 GNSS 的范围。例如上节提到的美国的全球定位系统(GPS)，以及中国的北斗(BDS)，还包括俄罗斯的格洛纳斯(GLONASS)和欧盟的伽利略(Galileo)。

各大导航卫星系统的定位技术原理基本相同。

1)单点定位原理

导航卫星定位的基本原理是根据高速运动的卫星瞬间位置作为已知的起算数据，采用空间距离后方交会的方法，确定待测点的位置，如图 3.1 所示。

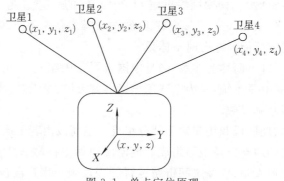

图 3.1　单点定位原理

全球导航卫星系统的基本原理是测量出已知位置的卫星到用户接收机之间的距离,然后综合多颗卫星的数据就可知道接收机的具体位置。

2)相对定位原理

相对定位也叫差分定位,是目前卫星定位测量技术中精度较高的一种,广泛用于大地测量、精密工程测量、地球动力学研究和精密导航,原理如图 3.2 所示。

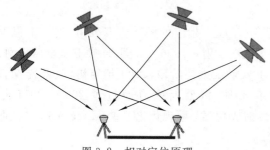

图 3.2　相对定位原理

相对定位是利用两台接收机分别安置在基线的两端,并同步观测相同的导航卫星,以确定基线在协议地球坐标系中的相对位置或基线向量。这种方法,一般可以推广到多台接收机安置在若干基线的端点,通过同步观测导航卫星,以确定多条基线向量的情况。

因为在两个观测站或多个观测站,同步观测相同卫星的情况下,卫星的轨道误差、卫星钟差、接收机钟差及电离层和对流层的折射误差等,对观测量的影响具有一定的相关性,所以利用这些观测量的不同组合,进行相对定位,便可有效地消除或者减弱上述误差的影响,从而提高相对定位的精度。

动态相对定位是将一台接收机安置在一个固定站上,另一台接收机安置在运动载体上,在运动中与固定观测站的接收机进行同步观测,确定运动载体相对固定观测站(基准站)的瞬时位置。动态相对定位的特点是要实时确定运动点相应每一观测历元的瞬时位置。

动态相对定位与静态相对定位的基本区别是动态观测站的位置也是时间函数。但动态相对定位与静态相对定位一样,可以有效地消除或减弱卫星轨道误差、钟差、大气折射误差的系统性影响,显著提高定位精度。

如果要实时地获得动态定位结果,则在基准站和运动站之间,必须建立可靠的实时数据传输系统。根据传输数据的性质和数据处理的方式,一般分以下两种:

(1)将基准站上的同步观测数据,实时地传输给运动的接收机,在运动点上根据收到的数据,按模型进行处理,实时确定运动点相对基准站的空间位置。该处理方式理论上较严密,但实时传输的数据量大,对数据传输系统的可靠性要求也较严格。

(2)根据基准站已知精确坐标计算该基准站至所测卫星的瞬时距离,以及其与相应的伪距观测值之差,并将差值作为伪距修正量,实时传输给运动的接收机,改正运动接收机相应的同步伪距观测量。该处理方式简单,数据传输量小,应用普遍。

目前,基于北斗系统的定位,在距离基准站 30 km 的范围内,可达厘米级定位精度,在距离基准站 50～100 km 的范围内,可达亚米级定位精度。修正量的更新率可按用户要求而定,取为数秒钟至数分钟,或更长时间。

3.1.3　卫星定位测量监测系统简介

1. 基于北斗的尾矿库在线监测系统

基于北斗的尾矿库在线监测系统由四个子系统组成,即用户评价及监控中心、数据处理与分析系统、数据传输系统、数据采集系统,系统架构如图 3.3 所示。

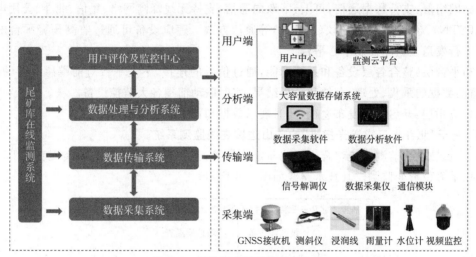

图 3.3　尾矿库在线监测系统架构

根据各系统功能所处层次的不同,尾矿库在线监测系统的功能实现可分为以下四层。

1)数据采集系统

数据采集系统的主要工作是采集安装于尾矿库各关键部位的传感器获取到的信号,并将其预处理转换成数字信号。

2)数据传输系统

数据传输系统可将数据采集系统预处理的数字信号传输至数据处理与分析系统。

3)数据处理与分析系统

数据处理与分析系统对所有来自数据传输系统的数据进行选择、处理、分析、显示、入库和出库,管理系统数据库。

4)用户评价及监控中心

用户评价及监控中心的主要内容包括解释来自数据处理与分析系统的数据,并将其与定期的历史检测、监测数据和设定的标准数据进行对比,对监测的结构进行分析评价,如结构的非线性静动力分析、抗风抗震分析、结构的稳定性分析和结构损伤分析,生成结构健康监测报告和评价报告。

2. 水库大坝位移自动监测系统

水库大坝位移自动监测系统采用无人值守自动化监测,以物联网、互联网、北斗导航等技术为理论基础,以自主研发的监测平台及各类传感器为核心,充分利用各种监测手段,建立地表和地下深部的三维立体监测网,对水库大坝坡进行系统、可靠的变形监测。该系统实时监测水库大坝不同部位各类型裂缝的发展过程,岩土体松弛及局部坍塌、沉降、隆起活动,地下、地面变形动态(包括滑坡体变形方向、变形速度、变形范围等),地下水水位、水量、水化学特征变化,大坝各种建筑物变形状况,降雨及地震活动等外部环境变化,等等,据此对水库大坝滑坡变形发展和变形趋势作出预测,判断其稳定状态,给出水库大坝失稳预警值,指导施工,反馈设计和检验治理效果,了解工程实施后的变化特征,为设计施工及灾害预警提供科学依据。水库大坝综合在线监测分为四层,即感知层、网络层、平台层、应用层。

(1)感知层:实时感应水库大坝监测参数传感器的状态。通过视频监控摄像机等各类前端传感设备,实时监测水库大坝的地下水位、土壤含水率、土压力等重要参数。

(2)网络层:支持数据通信,可上、下双向通信,支持无线蜂窝网络、短信、北斗、公用电话交换网(PSTN)、超短波、蜂舞协议(ZigBee)等通信方式。感应设备可通过监测预警平台的通信方式,上行发送至监测控制中心平台。

(3)平台层:整合各层设备和系统功能,通过信号的连接,下发平台对前端感应器的命令,上传监测数据的采集、处理、存储和分析结果,实时联动前端各大监控设备。

(4)应用层:开启信息发布途径,实时展示数据和预警信息。

3. 基于"北斗+三维激光扫描"的矿山边坡在线监测系统

矿山边坡在线监测系统综合应用北斗定位技术、三维激光扫描技术等,实现对矿山边坡的全天时、全方位形变监测。其技术路线如图3.4所示。

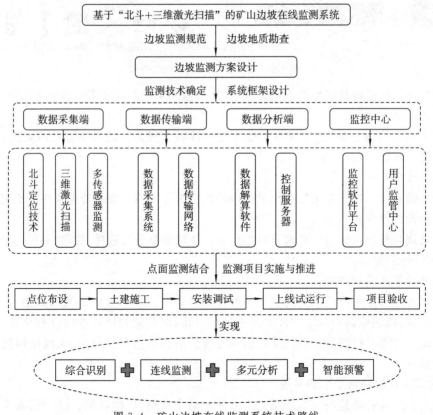

图3.4　矿山边坡在线监测系统技术路线

根据各系统功能所处层次的不同,矿山边坡在线监测系统的功能实现可分为以下四层。

1) 数据采集层

在边坡体布设北斗监测设备,可以了解和掌握采场边坡表面的变形活动状况和变化规律,可以用于确定坡体的变形范围及变形发展阶段,掌握坡体变形的基本性质和发展趋势,为进行边坡工程地质勘查、防护加固设计和边坡灾害预警奠定基础。

2) 辅助系统层

辅助系统层主要包括供电系统与防雷保护系统。

供电系统主要采用太阳能供电的方式,如果现场供电情况允许,也可采用市电,同时考虑到可能存在断电等突发情况,在现场站布置不间断供电系统,保证在断电情况下本系统所有的在线监测设备的应急供电。

防雷保护系统包括电源线路防雷保护、通信线路防雷保护、室外设备直击雷防护及接地系统四部分。本系统采用了多套避雷针、天馈防浪涌、信号防浪涌及光纤保护器,对接入监控中心设备、各项监测设备及通信、供电设备进行全面防护。

3) 数据传输与数据处理层

数据传输层。一般而言,传感器信号激励较弱,特别是毫伏级别的信号在传输过程中更容易受到干扰。同时,还需要将电压或电流信号转化成具有工程单位量纲的值,所以在数据采集层后需要进行数据预处理。预处理一般包括信号放大、信号调理、信号转换和工程单位转换等,通常这些工作都是在数据采集系统中完成的,数据采集系统将传感器系统采集的各种传感器信号通过预处理将之转换成数字信号,然后再通过数据传输网络将预处理后的数据传输至数据处理与控制系统中。

数据处理层。数据处理包括以下三个阶段:

(1) 数据的二次处理。数据的二次处理在监测中心的数据处理和控制系统服务器内完成,主要进行特定的统计运算,例如设定时段内的最大最小值、均值、方差、标准差等,计算结果可以用来识别初级预警,并用以判定信号是否正常。数据的二次处理主要采用数学统计与信号处理方法,并进行时域及频域的参数识别。

(2) 数据融合。数据融合在监测中心的数据处理和控制系统服务器内完成,主要作用是将一段时间内相关监测数据按照一定算法进行融合运算,推导出更具有物理和分析意义的信息。数据融合结果可以用于识别中级预警,并可以作为安全评估的依据。

(3) 数据的后处理。数据的后处理在监测中心的服务器内完成,主要进行监测数据的高级分析,例如实时模态分析特征量与环境因素之间的相关性分析。由于这些过程常需占用大量的计算时间,这一过程往往离线进行。

3.2　建筑物变形监测

3.2.1　建筑物安全监测的认识及意义

建筑物有广义和狭义两种含义。广义的建筑物是指人工建筑而成的所有物体,既包括房屋,又包括构筑物。狭义的建筑物仅指房屋,不包括构筑物。本节的对象为狭义的建筑物。

建筑物的安全监测是指监测建筑物及地基在建筑物荷重或者其他各种外力因素的作用下

随着时间的转移而发生变形的工作。随着城市化进程的深入发展,为了节约用地及提高经营效益,城市的建筑越来越呈现集中化、高层化的发展趋势。建筑物建设期间的增高、运营期间载荷的增加、周围环境的变化,在地基基础上和上部结构的共同作用下,建筑物可能发生不均匀沉降,使得建筑物的形变处于动态变化中,不仅影响正常使用,甚至危害建筑物的安全,而附近大型工程的实施,也考验高层建筑的安全性。

建筑物会出现异常变形(除了正常设计限度内的合理变形),主要是由两个方面的原因造成的。其一是自然原因,主要是指一些建筑所在区域的地质状况、水文地质及土壤的物理性质等差异造成的建筑物变形。同时还会因为一些自然灾害而导致建筑变形,如地震、洪涝、泥石流等。其二是人为原因,或者说是建筑物本身的原因,是指一些建筑物在施工过程时没有一个良好的质量监测系统而造成后期建筑物因为质量不合格或负载极限的重量减小而产生形变。

建筑物安全监测有实用上和科学上两方面的意义:

(1)实用上的意义主要是通过对变形体进行各种沉降、倾斜、水平位移的监测,以监测各种建筑物及其地质结构的稳定性,及时发现异常变化,对其稳定性和安全性做出判断,以便采取处理措施,防止发生安全事故。

(2)科学上的意义在于积累监测分析资料,以便更好地解释变形的机理,验证变形的假说,建立有效的变形预告模型,为研究灾害预报的理论和方法服务,验证有关工程设计的理论是否正确、设计方案是否合理,为以后修改完善设计、制定设计规范提供依据,如改善建筑物的各项物理参数和地基强度参数,以防止工程破坏事故,提高抗灾能力。

3.2.2 依据规范

建筑物安全监测工作经常使用以下标准与规范:

(1)JGJ 8—2016《建筑变形测量规范》。

(2)GB 50009—2012《建筑结构荷载规范》。

(3)GB 50007—2011《建筑地基基础设计规范》。

(4)GB 50026—2020《工程测量标准》。

(5)CJJ/T 202—2013《城市轨道交通结构安全保护技术规范》。

(6)GB 50911—2013《城市轨道交通工程监测技术规范》。

(7)JTG 3362—2018《公路钢筋混凝土及预应力混凝土桥涵设计规范》。

(8)GB 50497—2019《建筑基坑工程监测技术标准》。

(9)GB 50057—2010《建筑物防雷设计规范》。

(10)GB 50982—2014《建筑与桥梁结构监测技术规范》。

3.2.3 建筑物变形监测内容

建筑物的变形监测内容主要包括建筑物的沉降监测、水平位移监测、倾斜监测、裂缝监测和挠度监测。

1)建筑物沉降监测

建筑物的沉降是地基、基础和上层结构共同作用的结果。此项监测资料的积累是研究解决地基沉降问题和改进地基设计的重要手段。同时,通过监测来分析相对沉降是否有差异,以监测建筑物的安全。

2)建筑物水平位移监测

建筑物水平位移指建筑物整体平面移动,其原因主要是基础受到水平应力的影响,如地基处于滑坡地带或受地震影响。要测定平面位置随时间变化的移动量,以监测建筑物的安全或采取加固措施。

3)建筑物倾斜监测

高大建筑物的上部和基础整体刚度较大,地基倾斜(差异沉降)即反映出上部主体的倾斜,对建筑物进行倾斜监测的目的是验证地基沉降的差异和监测建筑物的安全。

4)建筑物裂缝监测

当建筑物基础局部产生不均匀沉降时,其墙体往往出现裂缝。系统地进行裂缝变化监测,根据裂缝监测和沉降监测资料,来分析变形的特征和原因,并采取措施保证建筑物的安全。

5)建筑物挠度监测

建筑物挠度监测是测定建筑物构件受力后的弯曲程度。对于平置的构件,在两端及中间设置沉降点进行沉降监测,根据测得某时间段内这三点的沉降量,计算其挠度;对于直立的构件,要设置上、中、下三个位移监测点,进行位移监测,利用三点的位移量可算出其挠度。

当建筑物安全监测过程中发生下列情况之一时,应立即实施安全预案,同时应提高监测频率或增加监测内容:

(1)建筑物形变量或形变速率出现异常变化。

(2)建筑物形变量或形变速率超出预警值。

(3)开挖面或周边出现塌陷、滑坡等异常情况。

(4)建筑物本身或周边情况出现异常。

(5)由于地震、暴雨或其他自然灾害引起的其他变形。

3.3　桥梁变形监测

3.3.1　桥梁的主要病害及安全监测必要性

桥梁在使用过程中,一般会受到两种类型的损伤,一是突发性损伤,二是累积性损伤。突发性损伤由突发事件引起,使损伤在短期内达到或超过一定限值;累积性损伤则有缓慢积累的性质,达到一定程度会引起桥梁结构破坏,从而影响桥梁的安全和使用。

1. 桥梁病害的主要形式

1)裂缝

混凝土浇筑后,在形成强度过程中,温度变化大,内部产生拉应力,在强度很低时就被拉裂;浇筑前水分失掉较快,如拆模过早、模板吸水或漏浆严重、混凝土泌水、水泥水化热高、凝结速度快、外界气候干燥等都容易造成混凝土开裂;混凝土浇筑后在硬化过程中会继续沉降,如遇到钢筋、预埋件阻碍就会发生裂缝。

2)混凝土碳化及钢筋锈蚀

混凝土的碳化是指混凝土中氢氧化钠($NaOH$)与渗透进混凝土中的二氧化碳(CO_2)或其他酸性气体发生化学反应的过程。一般情况下混凝土呈碱性,在钢筋表面形成碱性薄膜,保护钢筋免遭酸性介质的侵蚀,起到了"钝化"保护作用。碳化的实质是混凝土的中性化,使混凝土的碱性降低,钝化膜被破坏,在水分和其他有害介质侵入的情况下,钢筋就会发生锈蚀。混凝土中钢筋锈蚀的首要条件是钝化膜被破坏,混凝土的碳化及氯离子侵蚀都会造成覆盖钢筋表面的碱性钝化膜的破坏,加之有水分和氧的侵入,就可能引起钢筋的锈蚀。

钢筋锈蚀伴有体积膨胀,使混凝土出现沿钢筋的纵向裂缝,造成钢筋与混凝土之间的黏结力被破坏,钢筋截面面积减少造成结构构件的承载力降低、变形和裂缝增大等一系列不良后果,随着时间的推移,锈蚀会逐渐恶化,最终可能导致结构的完全破坏。需要注意的是,上述所有侵蚀混凝土和钢筋的作用都需要有水作介质。另一方面,几乎所有的侵蚀作用对混凝土结构的破坏,都与侵蚀作用引起的混凝土膨胀而最终导致混凝土的开裂有关。而且当混凝土结构开裂后,锈蚀速度将大幅加快,形成导致混凝土结构的耐久性进一步退化的恶性循环。

3)剥蚀

剥蚀根据不同的机理,可分为冻融剥蚀、空蚀和冲磨、水质侵蚀、风化剥蚀等。

冻融剥蚀是指在水饱和或潮湿状态下,由于温度正负变化,建筑物或构筑物的已硬化混凝土空隙水结冻膨胀,融解松弛,产生疲劳应力,造成混凝土由表及里逐渐剥蚀的破坏现象。冻融剥蚀破坏会使钢筋混凝土桥梁的墩台、梁板、桩等钢筋混凝土结构的有效截面积减小,并诱发钢筋锈蚀,加速老化过程,导致桥梁结构物的承载能力和稳定性下降。

空蚀破坏一般表现为在流过的墩台上表面局部位置出现空蚀剥蚀坑,但其他部位完好,蚀坑深度有时达几厘米;冲磨剥蚀一般面积较大,并具有一定的连续性。空蚀和冲磨破坏发展到一定程度可能诱发大面积的水力冲刷破坏。

水质剥蚀包括硫酸盐侵蚀、酸侵蚀、碱类侵蚀。

风化剥蚀是一种普遍的剥蚀现象,危害不大,均为轻微剥蚀。

4)伸缩缝损坏

根据目前的调查和研究认为,由于设计不周或选型不当引起的伸缩缝损坏,由于桥墩台施工及梁(板)预制尺寸误差导致实际板端预留间隙与设计间隙悬殊而引起的伸缩缝损坏,由于设计与实际伸缩量不符引起的伸缩缝损坏,等等,都将严重影响桥梁的安全使用。

5)支座破坏

桥梁制作的螺母松动、切线弧形支座滑动面、滚动面因锈蚀作用导致的无法正常转动、支座边部翘起断裂扭曲、座板贴角焊缝开裂等桥梁支座的破坏,也是影响桥梁安全使用的重要因素。

6)桥梁墩台基础的病害

桥梁墩台基础在常年使用过程中,除了承受上部结构荷载外,还将承受土压力、风力、流水压力、冰压力和浮力等各种力的作用。另外,自然界各种因素(如大气、雨水、洪水等)的影响作用,以及由于过桥车辆的日益重型化,桥梁墩台基础经常受到过重活荷载的作用,因此,桥梁墩台基础将会出现不同程度的损坏。

2.监测必要性

随着公路基础设施规模的急速增长,以人工巡查和定期检查为主的传统桥梁检修养护技术手段已不能适应现代化公路的运营管理要求,主要体现在:

(1)前期准备工作繁复,检查周期长,影响正常交通运行,效率低。

(2)有诸多检测盲点,结构内部及某些局部构件受条件所限无法进行检测或近距离监测。

(3)主观性强、整体性差、难以量化,检查和评估结果取决于检查人员的专业知识水平和检测经验。

(4)检查间隔时间长,每两次检测的中间时间无法掌握桥梁状况,对突发安全事故无提前预警和应急机制。

(5)花费大量人力、物力,特别是后期检测和养护成本偏高。

近年来,随着政府和行业主管部门对"智慧城市""智慧交通"等技术的政策倡导和资金投入,物联网、云技术和大数据等新技术投入使用,对公路基础设施进行现代化监测管理的需求越来越迫切。桥梁健康监测系统通过实时连续方式获取桥梁结构关键部位的状况信息,采用自动评估系统在线进行分析和评价,并与人工检查方式相结合,及时发现桥梁病害隐患,在桥梁上布设健康监测系统,以实时把握桥梁结构的受力状态和抗力衰减规律,是保证大跨度桥梁安全运营的重要和有效的手段。桥梁结构监测技术对于确保桥梁安全运营,延长桥梁使用寿命发挥重要作用;通过实时监测发现桥梁病害,能大大节约桥梁的维修费用,可以避免最终频繁大修、关闭交通所引起的重大损失;通过短信、鸣叫等方式向管理人员发出预警,提早采取处置措施,有效预防倒塌等灾难性事故,减少人员伤亡及财产损失。

3.3.2　依据规范

桥梁变形监测系统的技术指标主要依以下标准与规范:

(1)JT/T 1037—2022《公路桥梁结构监测技术规范》。

(2)CJJ 99—2003《城市桥梁养护技术标准》。

(3)JTG/T H21—2011《公路桥梁技术状况评定标准》。

(4)JTG/T J21—2011《公路桥梁承载能力检测评定规程》。

(5)CJJ 11—2011《城市桥梁设计规范》(2019 年版)。

(6)GB/T 50152—2012《混凝土结构试验方法标准》。

(7)JTG D60—2015《公路桥涵设计通用规范》。

(8)JTG 3362—2018《公路钢筋混凝土及预应力混凝土桥涵设计规范》。

(9)JTG/T J22—2008《公路桥梁加固设计规范》。

(10)JT/T 327—2016《公路桥梁伸缩装置通用技术条件》。

(11)JTG/T 3650—2020《公路桥涵施工技术规范》。

(12)GB 50982—2014《建筑与桥梁结构监测技术规范》。

(13)JTG 5120—2021《公路桥涵养护规范》。

(14)CJJ 2—2008《城市桥梁工程施工与质量验收规范》。

(15)JTG/T 3365-01—2020《公路斜拉桥设计规范》。

3.3.3　桥梁变形监测内容

桥梁结构健康监测系统的功能和目的主要是根据桥梁自身的结构特点,综合考虑桥梁所处的环境和当前的结构状况来设计的,主要内容如下。

1)环境监测

桥梁的环境监测主要是通过空气温湿度计对桥址处的环境温度、湿度进行连续监测,统计掌握桥梁环境状况,为桥梁材料性能及耐久性等评估提供环境分析数据。环境监测通过读取桥头气象监测点数据实现。

2)风荷载监测

桥梁的风荷载监测主要是通过风速仪对桥址处的风速风向进行监测,记录异常风荷载,从而为异常风速状况下的桥梁工作状况(如变形、应力变化等)的分析提供荷载数据。

风荷载监测通过读取桥头气象监测点数据实现。

3)交通荷载监测

桥梁的交通荷载监测主要是通过动态称重系统(WIM)在不中断交通的情况下记录车流量、车速、轴重、轴距等关键交通荷载信息,经分析统计其汽车荷载模型,用于桥梁承载能力评定,并辅助进行日常交通管理和桥梁结构安全管理等。

交通荷载监测通过读取桥头超限监测点数据实现。

4)挠度变形监测

桥梁的挠度变形监测主要是通过北斗卫星定位设备和传感器来监测桥梁在运营期间内,在活荷载、恒荷载及长期荷载作用下,桥梁主要的结构位移、拱肋偏位情况、拱肋线形、桥面沉降和横梁沉降。而墩柱及肋拱位移通过布设的小量程高精度倾角仪来监测,从而预警和掌握桥梁结构刚度变化情况,为桥梁整体状况等评估提供数据。

5)应力(应变)监测

通过对关键断面上的应力(应变)监测点的连续采集,监测桥梁在运营荷载作用下的工作性能,从而掌握和预警桥梁结构受活载冲击情况和桥梁刚度变化的情况,并且通过对比一段时期内的桥梁主要测试断面的应力变化情况,可为识别桥梁结构是否存在病害等提供分析数据。

6)桥梁振动监测

通过对关键断面上的振动监测点的连续采集,监测桥梁在运营荷载作用下的桥梁动力特性参数(频率、振型和阻尼)和振动水平(振动强度和幅度),从而掌握和预警桥梁结构受活荷载冲击和桥梁结构刚度变化等情况。

综上,根据现场勘查及桥梁常见病害分析,明确桥梁变形监测指标如下:

(1)上部主梁的竖向变形与扭转,每跨中与桥墩支座处。

(2)上部主梁控制截面的应变(包括每跨中与最大跨两侧支座截面)。

(3)上部结构的加速度响应(竖向为主,每跨中竖向或扭转)。

(4)上部结构与桥墩的相对位移。

(5)下部结构桥墩(高墩)的倾角。

(6)主梁裂缝宽度。

(7)环境因素:桥梁的温度分布。

(8)车辆载荷:车辆载荷统计和车流量监测。

(9)伸缩缝:温度及其他荷载作用下伸缩缝的伸缩量。

3.4 地质灾害变形监测

3.4.1 地质灾害变形监测的必要性

我国地质灾害种类繁多,分布广泛,活动频繁,危害严重,特别是崩塌、滑坡、泥石流、地面塌陷、地面裂缝和地面沉降等灾害,严重威胁着人民生命财产安全,制约着社会经济的可持续发展。监测预警作为地质灾害综合防治体系建设的重要组成部分,是减少地质灾害造成人员伤亡和财产损失的重要手段。"十二五"以来,我国建立了已知地质灾害隐患点全覆盖的地质灾害群测群防体系,监测预警工作历经群测群防、专业监测等发展阶段,防灾减灾成效显著。当前,智能传感、物联网、大数据、云计算和人工智能等新技术快速发展,为构建专群结合的地质灾害监测预警网络提供了技术支撑。在此背景下,充分依托已有群测群防和专业监测工作基础,遵循"以人为本,科技防灾"理念,基于对地质灾害形成机理和发展规律的认识,开展重点针对地表变形与降雨等关键指标的专群结合监测预警体系建设,支撑地方政府科学决策与受威胁群众防灾避灾工作,显得尤为及时和必要。

为提高地质灾害群测群防专业化水平,降低群测群防人员监测预警工作强度和压力,提升地质灾害自动化、专业化和标准化监测预警覆盖面,提高防灾减灾能力,支撑地质灾害风险管理,最大限度减少人员伤亡和财产损失,制定监测设计方案(包括确定监测对象、监测内容、监测指标、监测设备与布设方案等),开展设备安装与运行维护,结合现场情况与监测设计方案开展安装,组织监测设备现场验收,并对设备进行状态监控与维修维护,进行数据库与系统建设,为地质灾害专群结合监测预警工作提供全流程信息服务支撑。通过宏观预警、专业预警与区域地质灾害气象预警,综合分析实施预警分级与响应。

3.4.2　地质灾害变形监测内容

地质灾害是指在自然或者人为因素的作用下形成的,对人类生命财产、环境造成破坏和损失的地质作用(现象),例如崩塌、滑坡、泥石流、地面裂缝、地面沉降、地面塌陷、岩爆、坑道突水、突泥、突瓦斯、煤层自燃、黄土湿陷、岩土膨胀、砂土液化、土地冻融、水土流失、土地沙漠化及沼泽化、土壤盐碱化,以及地震、火山、地热害等。地质灾害变形监测主要是指滑坡、崩塌、泥石流监测。

1)滑坡监测内容

滑坡监测以监测变形和降雨为主,具体包括位移、裂缝、倾角、加速度、雨量和含水率等项目,按需布置声光报警仪。

土质滑坡宜测项包括位移、裂缝和雨量等,选测项包括倾角、加速度和含水率;岩质滑坡宜测项包括位移、裂缝和雨量等,选测项包括倾角、加速度。设备类型、数量和布设位置根据滑坡规模、形态及变形特征等确定。

根据实际监测需求,可补充开展物理场监测(如应力应变等)。

群测群防员应定期开展宏观巡查,包括宏观变形的监测、地声的监听、动物异常的观察、地表水和地下水(含泉水)异常监测等方面。

2)崩塌监测内容

崩塌监测以监测变形和降雨为主,具体包括裂缝、倾角、加速度、位移和雨量等测项,按需布置声光报警仪。

土质崩塌宜测项包括裂缝和雨量,选测项包括位移、倾角和加速度;岩质崩塌宜测项包括裂缝、倾角、加速度和雨量,选测项包括位移。设备类型、数量和布设位置根据危岩体的规模、形态等确定。

根据实际监测需求,可补充开展物理场监测(如应力应变等)。

群测群防员应定期开展宏观巡查,包括崩塌体前缘的掉块崩落或挤压破碎等宏观变形、岩体撕裂或摩擦声音等方面。

3) 泥石流监测内容

泥石流监测以监测降雨、物源补给过程、水动力参数为主,具体包括雨量、泥位、含水率、倾角和加速度等测项,按需布置声光报警仪。

沟谷型泥石流宜测项包括雨量和泥位,选测项为含水率;坡面型泥石流宜测项为雨量,选测项为倾角、加速度、含水率和泥位。设备类型、数量和布设位置根据泥石流规模和流域特征等确定。

根据实际监测需求,可补充开展物理场监测(如应力应变等)。

群测群防员应定期开展宏观巡查,包括沟道的堵塞情况、水流的浑浊变化或断流、对洪流砂石撞击声音进行监听等方面。

思考题

一、选择题(单选)

1. 下列哪一项不是北斗导航卫星系统的组成部分?(　　　)

　　A. 空间段　　　　　　B. 地面段　　　　　C. 地下段　　　　　D. 用户段

2. 下列不属于桥梁监测内容的选项是(　　　)。

　　A. 崩塌监测　　　　　B. 环境监测　　　　C. 交通荷载监测　　D. 挠度变形监测

二、简答题

1. 我国为什么重视北斗导航卫星系统的建设?

2. 地质灾害监测的主要内容有哪些?

3. 桥梁变形监测的内容有哪些?桥梁健康监测的意义是什么?

第4章　无人机在自然资源调查中的应用

近年来,航空工程领域新技术不断发展,有效推动了无人机的发展。在自然资源调查中,应用无人机技术可以快速获取现场影像数据,为有关部门管理决策提供有力的技术支持。本章将介绍无人机技术在自然资源调查中的应用。

4.1　自然资源调查概述

2015年9月,中共中央、国务院印发关于《生态文明体制改革总体方案》的通知,明确提出构建归属清晰、权责明确、监管有效的自然资源资产产权制度,着力解决自然资源所有者不到位、所有权边界模糊等问题,旨在加快建立系统完整的生态文明制度体系,加快推进生态文明建设,增强生态文明体制改革的系统性、整体性、协同性。2019年4月,中共中央、国务院就自然资源资产产权制度问题印发《关于统筹推进自然资源资产产权制度改革的指导意见》,明确指出自然资源调查监测是构建自然资源资产产权体系的基础,开展自然资源统一调查监测评价,掌握重要自然资源的数量、质量、分布、权属、保护和开发利用状况及各类自然资源变化情况是主要任务之一。

4.1.1　自然资源概念与分类

自然资源是指天然存在、有使用价值、可提高人类当前和未来福利的自然环境因素的总和。自然资源主管部门的职责涉及土地、矿产、森林、草原、水、湿地、海域、海岛等自然资源,涵盖陆地和海洋、地上和地下,其数据的空间组织结构如图4.1所示。

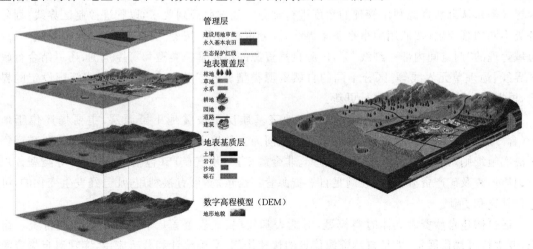

图4.1　自然资源数据的空间组织结构

自然资源分类是自然资源管理的基础,是开展调查监测工作的前提,应遵循山水林田湖草是一个生命共同体的理念,充分借鉴和吸纳国内外自然资源分类成果,按照"连续、稳定、转换、创新"的要求,重构现有分类体系,着力解决概念不统一、内容有交叉、指标相矛盾等问题,体现科学性和系统性,又能满足当前管理的需要。

根据自然资源产生、发育、演化和利用的全过程,以立体空间位置作为组织和联系所有自然资源体(即由单一自然资源分布所围成的立体空间)的基本纽带,以基础测绘成果为框架,以数字高程模型为基底,以高分辨率遥感影像为背景,按照三维空间位置,对各类自然资源信息进行分层分类,科学组织各个自然资源体有序分布在地表(如土壤等)、地表以上(如森林、草原等),以及地表以下(如矿产等),形成一个完整的支撑生产、生活、生态的自然资源立体时空模型。

第一层为地表基质层。地表基质是地球表层孕育和支撑森林、草原、水系、湿地等各类自然资源的基础物质。海岸线向陆一侧(包括各类海岛)分为岩石、砾石、沙地和土壤等,海岸线向海一侧按照海底基质进行细分。结合《岩石分类和命名方案　火成岩岩石分类和命名方案》(GB/T 17412.1—1998)和《中国土壤分类与代码》(GB/T 17296—2009)等标准,研制地表基质分类。地表基质数据,目前主要通过地质调查、海洋调查、土壤调查等综合获取。

第二层是地表覆盖层。在地表基质层上,按照自然资源在地表的实际覆盖情况,将地球表面(含海水覆盖区)划分为作物、林木、草、水等若干覆盖类型,每个大类可再细分到多级类。参考《土地利用现状分类》(GB/T 21010—2017)、《第三次全国国土调查技术规程》及国土空间规划用途分类等,制定地表覆盖分类标准。地表覆盖数据,可以通过遥感影像并结合外业调查快速获取。

为展现各类自然资源的生态功能,科学描述资源数量等,按照各类自然资源的特性,对自然资源利用、生态价值等方面的属性信息和指标进行描述。以森林资源为例,在地表覆盖的基础上,根据森林结构、林分特征等,从生态功能的角度,进一步描述其资源量指标,如森林蓄积量。

第三层是管理层。在地表覆盖层上,叠加各类日常管理、实际利用等界线数据(包括行政界线、自然资源权属界线、永久基本农田、生态保护红线、城镇开发边界、自然保护地界线、开发区界线等),从自然资源利用管理的角度进行细分。如按照规划要求,以管理控制区界线,划分各类不同的管控区;按照用地审批备案界线,区分审批情况;按照"三区三线"的管理界线,以及海域管理的"两空间内部一红线"等,区分自然资源的不同管控类型和管控范围;还可结合行政区界线、地理单元界线等,区分不同的自然资源类型。这层数据主要是规划或管理设定的界线,根据相关管理工作直接进行更新。

为完整表达自然资源的立体空间,在地表基质层下设置地下资源层,主要描述位于地表(含海底)之下的矿产资源,以及城市地下空间为主的地下空间资源。矿产资源参照《矿产资源法实施细则》,分为能源矿产、金属矿产、非金属矿产、水气矿产(包括地热资源)等类型。现有地质调查及矿产资源数据,凡满足自然资源管理需求的,可直接利用,凡已经发生变化的,可进行补充和更新。

通过构建自然资源立体时空模型,对地表基质层、地表覆盖层和管理层数据进行统一组织,并进行可视化展示,满足自然资源信息的快速访问、准确统计和分析应用,实现对自然资源的精细化综合管理。同时,通过统一坐标系统与地下资源层建立联系。

4.1.2　自然资源调查改革历程

绿水青山就是金山银山,山水林田湖草沙是一个生命共同体。统筹山水林田湖草沙系统治理,统一开展国土空间用途管制和生态保护修复,需要统一的自然资源调查基础数据。近年来,我国相继开展了国土调查、森林资源清查、水利普查、草地资源调查、海岸带调查等工作。通过不同部门组织开展的各类自然资源调查、普查、清查,获得了大量的数据,为国家重大决策部署提供了基础依据,为促进经济社会发展发挥了重要作用。但由于不同部门开展自然资源调查监测的目的不一、侧重不同,在进行调查监测时,调查依据、分类标准并不一致,调查对象、范围和内容存在交叉和重复,在实际管理中容易出现自然资源资产底数不清、所有者不到位、权责不明晰等问题,不利于后续自然资源的统一管理和成果共享。

中共中央、国务院先后发布《生态文明体制改革总体方案》《关于统筹推进自然资源资产产权制度改革的指导意见》,自然资源部先后发布《自然资源部信息化建设总体方案》《自然资源调查监测体系构建总体方案》,明确提出加快建立自然资源统一调查、评价、监测制度和技术体系的建设目标。相关文件发布时间如图 4.2 所示。

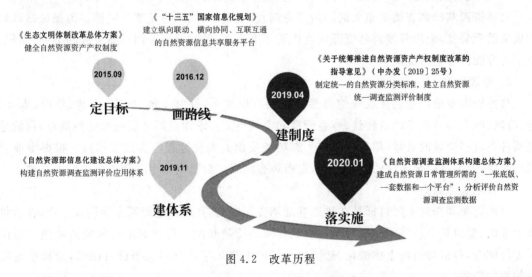

图 4.2　改革历程

自然资源调查是自然资源部履行"两统一"职责,查清我国各类自然资源家底和变化情况,为科学编制国土空间规划,逐步实现山水林田湖草沙的整体保护、系统修复和综合治理,为实现国家治理体系和治理能力现代化提供服务保障的重要基础性工作。

4.1.3　自然资源调查工作内容

自然资源调查分为基础调查和专项调查。基础调查是指对自然资源的共性特征开展的调查;专项调查是指为自然资源的特性或特定需要开展的专业性调查。基础调查和专项调查相结合,共同描述自然资源总体的情况。通过统一调查分类标准,衔接调查指标与技术规程,统筹安排工作任务。原则上采取基础调查内容在先、专项调查内容递进的方式,统筹部署调查任务,全方位、多维度获取信息,按照不同的调查目的和需求,整合数据成果并入库,做到图件资料相统一、基础控制能衔接、调查成果可集成,确保两项调查全面综合地反映自然资源的相关状况。

1. 基础调查

自然资源基础调查的主要任务是查清各类自然资源体投射在地表的分布和范围,以及其开发利用与保护等基本情况,掌握最基本的全国自然资源本底状况和共性特征。基础调查以各类自然资源的分布、范围、面积、权属性质等为核心内容,以地表覆盖为基础,按照自然资源管理的基本需求,组织开展我国陆海全域的自然资源基础调查工作。

自然资源基础调查的主要任务包括:

(1)查清区域内自然资源的数量、类型、面积、空间布局等。

(2)查清区域各类自然资源的基本特性和质量状况。

(3)形成全面完善的自然资源基础数据成果。

(4)为自然资源管理提供基本数据、权属数据。

(5)为自然资源动态监测、分析评价和国土规划提供基础图件及属性数据。

(6)为制定国民经济计划、功能区划、区域发展规划提供资源保障依据。

(7)全面支撑山水林田湖草整体保护、系统修复和综合治理。

(8)形成自然资源调查的统一标准、规范、技术和组织体系。

自然资源基础调查属于重大的国情国力调查,由党中央、国务院部署安排。为保证基础调查成果的现势性,组织开展自然资源调查成果年度更新,及时掌握全国自然资源的类型、面积、范围等方面的变化情况。

2. 专项调查

自然资源专项调查是在统一的自然资源调查框架下,针对土地、矿产、森林、草原、水、湿地、海域、海岛等自然资源的特性、专业管理和宏观决策需求而组织开展的专业性调查,目的是查清各类自然资源的数量、质量、结构、生态功能及相关人文地理等多维度信息。根据专业管理的需要,定期组织全国性的专项调查,发布调查结果。自然资源专项调查包括以下几种。

1)耕地资源调查

耕地资源调查的主要目标是在耕地基础调查范围内,开展耕地资源专项调查工作,查清耕地的等级、健康状况、产能等,掌握全国耕地资源的质量状况。每年对重点区域的耕地质量情况进行调查,包括对耕地土壤酸化、盐渍化及其他生物化学成分组成等进行跟踪,分析耕地质量的变化趋势。

2)森林资源调查

森林资源调查的主要目标是查清森林资源的种类、数量、质量、结构、功能、生态状况及变化情况等,获取全国森林覆盖率、森林蓄积量及起源、树种、龄组、郁闭度等指标数据。

3)草原资源调查

草原资源调查的主要目标是查清草原的类型、生物量、等级、生态状况及变化情况等,获取全国草原植被覆盖度、草原综合植被覆盖度、草原生产力等指标数据,掌握全国草原植被生长、利用、退化、鼠害、病虫害、草原生态修复状况等信息。

4)湿地资源调查

湿地资源调查的主要目标是查清湿地类型、分布、面积,湿地水环境、生物多样性、保护与利用、受威胁状况等现状及其变化情况,全面掌握湿地生态质量状况及湿地损毁等变化趋势,形成湿地面积、分布、湿地率、湿地保护率等数据。

5）水资源调查

水资源调查的主要目标是查清地表水资源量、地下水资源量、水资源总量、水资源质量、河流年平均径流量、湖泊水库的蓄水动态、地下水位动态等现状及变化情况，开展重点区域水资源详查。

6）海洋资源调查

海洋资源调查的主要目标是查清海岸线类型（如基岩岸线、砂质岸线、淤泥质岸线、生物岸线、人工岸线）、长度，查清滨海湿地、沿海滩涂、海域类型、分布、面积和保护利用状况，以及海岛的数量、位置、面积、开发利用与保护等现状及其变化情况，掌握全国海岸带保护利用情况、围填海情况。同时，开展海洋矿产资源（包括海砂、海洋油气资源等）、海洋能（包括海上风能、潮汐能、潮流能、波浪能、温差能等）、海洋生态系统（包括珊瑚礁、红树林、海草床等）、海洋生物资源（包括鱼卵、籽鱼、浮游动植物、游泳生物、底栖生物的种类和数量等）、海洋水体、地形地貌等调查。

7）地下资源调查

地下资源调查主要为矿产资源调查，其任务是查明成矿远景区地质背景和成矿条件，开展重要矿产资源潜力评价，为商业性矿产勘查提供靶区和地质资料；摸清全国地下各类矿产资源状况，包括陆地地表及以下各种矿产资源矿区、矿床、矿体、矿石的主要特征数据和已查明的资源储量信息等；掌握矿产资源储量利用现状、开发利用水平及变化情况。地下资源调查还包括以城市为主要对象的地下空间资源调查，以及海底空间和利用情况调查。查清地下天然洞穴的类型、空间位置、规模、用途等，以及可利用的地下空间资源分布范围、类型、位置及体积规模等。

8）地表基质调查

地表基质调查的主要目标是查清岩石、砾石、沙、土壤等地表基质类型、理化性质及地质景观属性等。条件成熟时，结合已有的基础地质调查等工作，组织开展全国地表基质调查，必要时进行补充调查与更新。

4.1.4　自然资源调查关键技术

1. 遥感影像自动分析解译

遥感技术具有获取地面信息范围大、速度快、成本低、在短期内能重复观测的特点，适用于自然资源调查自动解译与智能分析变化检测等场景。例如通过对地表覆盖层的高分辨率遥感影像进行自动解译，可以高效完成自然资源地物识别分类，智能计算植被覆盖情况、水资源流域面积等信息，详细调查湿地植被情况、水源补给、流出状况及积水状况等，有助于降低人工解译成本，快速完成调查底图的制作；对常规监测获得的全国范围动态遥感数据进行智能变化检测，可以高效识别自然资源动态变化情况，直观显示多时相自然资源发展趋势，为自然资源管理宏观分析与科学决策提供信息支持。其原理如图 4.3 所示。

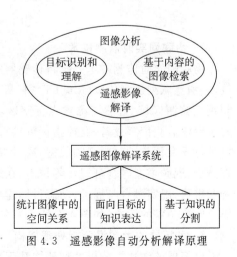

图 4.3　遥感影像自动分析解译原理

1）遥感影像解译

遥感影像解译是通过遥感影像所提供的各种识别目标的特征信息进行分析、推理与判断,最终达到识别目标的目的。针对土地、矿产、森林、草原、水、湿地、海域、海岛等各种自然资源的不同光谱反射和辐射特性,通过遥感解译可以查清各类自然资源体投射在地表的分布和范围,以及获取自然资源的位置和面积等信息。遥感影像解译的步骤简单分为预处理、增强处理和分类,预处理的工作包括波段合成、辐射校正、几何校正、影像裁切和拼接等;增强处理包括彩色增强、多光谱增强和频率增强等;分类包括监督分类、非监督分类和分类后处理等。

2）遥感动态监测

遥感动态监测泛指数据预处理、变化信息发现与提取、变化信息挖掘与应用等。《自然资源调查监测体系构建总体方案》中提出,需要对我国范围内的自然资源定期地开展全覆盖遥感动态监测,以便及时掌握自然资源年度变化等信息。通过对更新前后两个不同时相的遥感影像进行影像配准,利用变化检测算法进行处理得到变化差异图,然后对变化差异图进行处理得到变化检测图像。通过得到的变化检测图像可以比较有针对性地进行调查成果数据的年度更新,如图4.4所示。

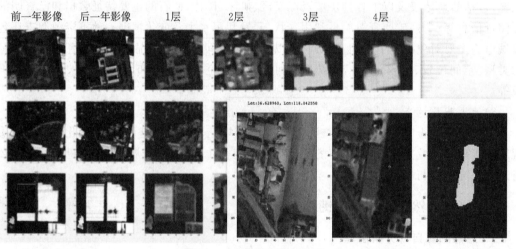

图 4.4　遥感动态对比监测

2. 物联网实时监测技术

物联网实时监测技术是指将传感器实时数据、监控视频数据接入监测平台,通过网络通信技术、消息队列遥测传输(MQTT)“轻量级”通信协议、视频结构化识别技术等,达到对国土空间重点监测区域、自然资源重点督察区域进行实时动态监测、预警、应急处置与响应的目的。对于专业监测传感设备,监控指标可进行实时监控大屏显示及可视化统计分析,通过阈值设置可进行异常预警。对于视频数据,通过视频与地理空间统一表达、流数据组织与管理、视频地理分析、视频虚实融合可视化等技术,在统一地理框架下,实现视频数据管理与分析、视频地理场景重建、虚实融合与展示、动态目标建模与分析、地理围栏监测等功能,满足实时动态监测与应急监测预警的需求,如图4.5所示。

3. 可拓展的大数据分析处理架构

可拓展的大数据分析处理架构基于高性能计算环境和海量存储环境,通过各种关系型数据库、非关系型数据库、分布式文件等数据存储技术实现了对多源海量数据的管理。这种架构能够通过分布式计算框架对多要素数据同时进行一系列复杂计算,具备复杂计算模型的高性能处理能力。同时它也能够通过集成空间分析、机器学习、数据挖掘等模型算法,形成丰富的算法工具库,为自然资源调查监测分析、监测预警等提供丰富可扩展的算法工具。在大数据处理框架的基础上,实现数据处理、分析、专题应用、共享等方面的应用服务。

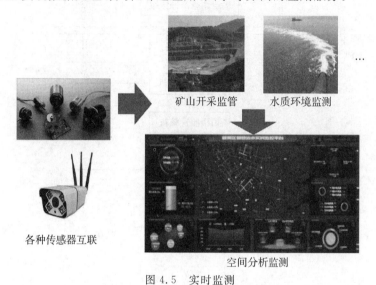

矿山开采监管　　水质环境监测

各种传感器互联

空间分析监测

图 4.5　实时监测

4.2　无人机运用实例

外业调查和举证是自然资源调查工作中的重点内容。无人机作为新技术产物,其体积小且操作方便。利用无人机进行拍照举证,在地貌条件差异大、类型多样复杂、交通不便的区域能够快速获取举证照片,不仅能提升调查举证的效率与质量,也能避免调查举证人员在调查举证过程中的意外风险。同时,将无人机技术与新一代信息化技术相结合,体现了自然资源调查举证工作的创新,为提升政府部门创新服务水平提供了有力的技术支持。

4.2.1　利用无人机进行举证

以南方智能无人机调查举证应用程序(APP)为例介绍举证流程。无人机调查举证工作分为内业和外业。其中内业细分为两部分:一是根据调查图斑分布情况及作业区域地形地貌特征,规划无人机飞行航线,并设置拍摄点及拍摄方向;二是对无人机拍摄照片进行整理核查及属性标注。无人机外业调查举证工作主要为一键式操作,即可对无人机工作进行控制。其工作流程如图 4.6 所示。

1. 准备工作

1)数据预处理

将待举证区域制作为".shp"格式的文件,然后将 shp 文件导入南方智能无人机调查举证应用程序(APP)中,如图 4.7 所示。

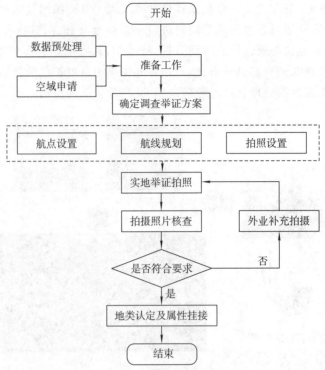

图 4.6　无人机调查举证工作流程

图 4.7　待举证图斑列表

2) 空域申请

依据《中华人民共和国民用航空法》《中华人民共和国飞行基本规则》《通用航空飞行管制条例》等规定,使用无人机用于外业调查举证,需根据调查区域及相关要求,按照申请空域流程进行作业区空域申请。

2. 确定调查举证方案

根据不同类型、面积大小对图斑分类完成后,再依据图斑位置、调查难易程度等整理形成待调查图斑列表,拟定调查顺序、调查时间、调查出行路线及无人机起飞地点等形成调查举证方案安排。

3．航点设置、航线规划与拍照设置

根据确定的调查举证方案，以调查图斑中心点作为航点形成航线。综合考虑图斑分布、密度情况以及地形数据和相机参数，在保证拍摄照片清晰的前提下，依据每一个图斑的拍摄需求调整无人机飞行的航高及速度，合理规划航线。

根据举证区域的地形情况，在航线规划时需要考虑山区地形等因素，航高会根据地形的不同设置在 $150\sim200$ m，航线规划采用分块区域设计拍摄点，采用斜拍、正拍交叠方式进行拍摄点布设与规划，斜拍角按不同图斑类型设置为 $30°\sim50°$，拍摄点与拍摄区域图斑间的距离设置在 $100\sim150$ m。

4．实地举证拍照

内业航线规划完成后，在申请的空域及申请的时间内，携带无人机调查举证应用程序（APP）及无人机等相关设备进行外业调查举证拍照工作。根据预先规划好的航线及拍摄点方向，对举证地点拍摄正拍照片和斜拍照片至少各一张。外业核查工作人员也可以自由添加和删除拍摄点，拍照范围预览如图 4.8 所示，调整每个点的细节参数如图 4.9 所示（图中阴影区域为拍照范围，飞机为拍照点）。

图 4.8　拍照范围预览

图 4.9　调整拍照角度、高度

5.拍摄照片核查

无人机在拍摄作业过程中,会自动将拍摄的照片与图斑(以图斑中心作为航点时)进行关联。拍摄工作完成后,将所有照片加密回传至地面站,将当次任务完整地在地面站地图上复现出来,并且可以查看每个图斑拍摄的照片。通过逐图斑筛选,符合要求的举证照片必须与图斑实地现状对应,能反映图斑的真实情况;提交的成果数据中要求举证照片轨迹正确,照片符合拍摄要求,不能出现冗余照片和关联错误的照片。因此,拍摄照片核查需要去除不符合举证要求的照片,并整理记录需再次补充拍摄的图斑。

6.外业补充拍摄

通过内业对照片核查整理后,对不符合举证要求的照片进行外业补测,可通过无人机补测或人工补测等方式进行重新举证。

7.地类认定及属性挂接

依据实地调查和举证数据,判断调查和举证图斑的地类及属性信息,对已经通过内业核查的照片进行图斑地类认定、属性标注、填写举证说明,形成最后的地类图斑数据。

4.2.2 利用无人机获取正射影像

1.无人机影像的获取

无人机影像制作技术的一般工作流程为:测区实地踏勘、资料准备、空域申请、航线设计,之后对测区进行无人机低空数字摄影,获取航空影像数据,对数据进行质检,质检通过得到原始航片。其技术流程如图 4.10 所示。

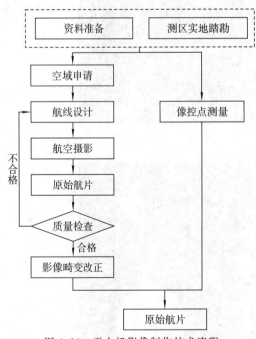

图 4.10 无人机影像制作技术流程

在确保飞行安全和数据质量的前提下,飞行结束返航前,从无人机设备中导出影像数据及其位置和姿态数据,对每一张拍摄照片进行检查;并浏览整个测区的飞行情况,确保无一漏飞、每张照片上无云影及烟雾。对于每一张照片要求影像纹理清晰,不同照片之间色调效果基本保持一致,尤其针对不同架次的照片色彩进行对比检查,相同地物在影像上的色调应近似。

2.无人机影像的数据处理

无人机影像的数据处理步骤大致为:根据航空摄影数据及像控测量数据,通过空三加密,采用数字摄影测量工作站进行特征线采集,对于地域空旷处,间隔采集高程点,然后根据采集成果匹配生成数字高程模型(DEM)。利用生成的数字高程模型对航片进行正射纠正,之后进行影像的拼接融合,最终得到数字正射影像图(DOM),其生产技术流程如图 4.11 所示。

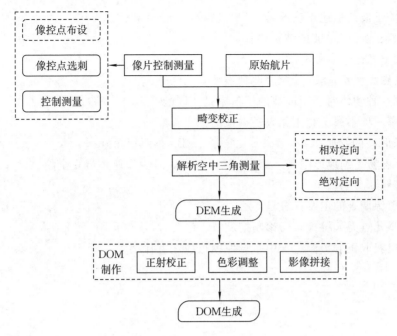

图 4.11　DEM、DOM 生产技术流程

思考题

一、选择题(单选)

1. 自然资源基础调查的核心内容是(　　)。

　　A. 各类自然资源的分布、范围、面积、权属性质

　　B. 形成自然资源调查的统一标准、规范、技术和组织体系

　　C. 全面支撑山水林田湖草整体保护、系统修复和综合治理

　　D. 形成全面完善的自然资源基础数据成果

2. 下列哪一项属于航空遥感用载具?(　　)

　　A. 飞机　　　　　　B. 人造卫星　　　　C. 空间站　　　　D. 火箭

3. 下列哪一项不属于影像解译的方法?(　　)

　　A. 人工目视　　　　B. 基于像元　　　　C. 最大似然　　　D. 面向对象

4. 下列哪一项不是空三加密的方法?(　　)

　　A. 航带法　　　　　B. 独立模型法　　　C. 光束法　　　　D. 神经网络法

5. 下列关于无人机的描述哪一项是不正确的?(　　)

　　A. 当像控点的位置选在与地面不同高度的目标时,需量测像控点与地面的比高,精确到 0.1 mm

　　B. 布设的控制点宜能公用

　　C. 控制点应选在旁向重叠中线附近

　　D. 像片控制点中的平高点前面标记 P,高程点前面标记 G,在作业区不出现重复编号

6. 下列关于波的描述正确的是（　　　）。

　　A. 微波比无线电波的波长要长

　　B. 太阳光也是一种电磁波

　　C. 电磁波波长越长，其穿透性越强

　　D. 同一种物体对于不同波的反射率是相同的

7. 下列哪一项不属于利用无人机举证的优点？（　　　）

　　A. 长时间的续航　　　　　　　　B. 拍照视角好

　　C. 不容易受到地形限制　　　　　D. 减少作业人员安全隐患

二、简答题

1. 自然资源调查的主要任务是什么？

2. 请列举几点无人机检查与诊断措施。

3. 无人机获取正射影像过程中布设像控点应注意什么？

第5章　三维激光在高精度电子地图生产中的应用

高精度电子地图是对现实世界的三维重建,精细化程度较高。高精度电子地图的数据分为动态和静态,动态数据由实时路况层、交通事件层的数据组成,静态数据则包括数据更新层、交通设施层、车道层和道路层的数据。相比普通地图而言,高精度电子地图增加了大量的几何信息、车道信息和交通标志信息,相关属性从四十多种扩展到两三百种,相对精度达 0.1～0.2 m。

随着无人驾驶领域的兴起,未来很长一段时间内,高精度电子地图的生产和应用都是相关领域的研究热点和重点项目。本章将介绍基于三维激光的车道级高精度电子地图项目的技术路线和实施方法。

5.1　高精度电子地图的发展背景及现状

5.1.1　导航电子地图的发展

导航电子地图从 1985 年开始逐步发展,早期以美国 Navteq 公司、荷兰 Tele Atlas 公司、日本 Zenrin 公司为代表的相关企业进入导航电子地图的研究队列。随着社会各种科学技术的发展和进步,导航电子地图的技术水平在不断提高,同时也提出很多新的市场需求。

首先,地图的数据采集方式从专业人员采集方式向专业与众包结合方式转变。生产方式也从专业人员利用地图编辑工具绘制的方式进化为自动化处理结合人工编辑的方式,而最终实现采集、编辑一体化、自动化成图是发展趋势,也是目前相关领域的热门研究课题。

其次,导航电子地图的表现形式从二维、2.5 维的静态表现形式,逐步向真三维电子地图转变,最终将发展为应用在自动驾驶领域的高精度动态电子地图。

最后,是地图的发布形式,从最初的离线拷贝到线上发布,从全量发布到增量发布,电子地图的更新频率将逐步加快,发布形式也将更加灵活。

5.1.2　高精度电子地图的发展现状

高精度电子地图也称为高分辨率地图(high definition map, HD map),是一种专门为无人驾驶服务的地图。与传统导航地图不同的是,高精度电子地图除了能提供道路(road)级别的导航信息外,还能够提供车道(lane)级别的导航信息。无论是在信息的丰富度还是信息的精度方面,都是远远高于传统导航电子地图的。相比传统的导航电子地图,高精度电子地图不仅精度更高,而且需要实时更新,在自动驾驶汽车感知、定位、决策、规划等环节承担着重要作用。

考虑到高精度电子地图广阔的发展前景,国内外越来越多的企业开始进行高精度电子地图领域的规划和布局。传统的地图厂商,如高德、TomTom、Here 等,都早早入局,投入高精度电子地图的研发和生产中。对于主机厂商和零部件厂商,大都以收购地图厂商的形式进入高精度电子地图领域,像奥迪、宝马、戴姆勒三大车企联合斥资 31 亿美元收购 Here,储备高精度电子地图制作能力,为无人驾驶业务的开展奠基加码。除此之外,很多互联网企业也在通过合作或收购的方式入局,如百度不仅自己研发高精度电子地图,还与 TomTom 联合开发;腾讯收购了四维图新;阿里巴巴收购了高德。近几年,发展高精度电子地图产业是大势所趋。而随着研发和应用的展开,服务对象也从驾驶员向机器过渡,所以对地图的内容框架、精度、维度、计算形式都提出了更高的要求。

5.2　高精度电子地图的生产

5.2.1　高精度电子地图的生产流程概述

车道级道路电子地图制作流程主要包括移动测量数据采集、电子地图制作、数据发布三个主要部分。

其中,在移动测量数据采集部分,常使用车载移动测量系统,如图 5.1 所示。车载移动测量系统作为一种先进的测量手段,不仅具有快速、不与测量物接触、实时、动态、主动、高密度及高精度等特点,而且能采集大面积的三维空间数据和获取建筑物、道路、植被等城市地物的表面信息。在道路上行驶的车载移动测量系统成为各行各业关注的对象。以汽车作为遥感平台,安装了高精度卫星定位导航模块和高动态载体测姿惯性测量单元(IMU)传感器,基于卫星定位和惯性测量的组合定位测姿使车载系统具有直接地理定位(direct georeferencing,DG)的能力,实现了在测量区域内不需要地面控制点就可以获得高精度的测绘成果。

通过上一环节采集到的地理空间数据称为原始数据。这些数据想要转化为地图成果,还需经过整理、分类与清洗等专业处理过程。这个环节是十分烦琐的,需要将不同传感器的采集数据进行融合叠加,并进行道路标线、路沿、路牌、交通标志等道路元素的识别,对于一些冗余数据在这一环节也会进行自动整合和删除。为了保证处理效率和准确性,通常主要依靠程序来自动化完成,并配合人工的验证和补充采集与解译,再配合对应的系统进行自动化组织与成图,最后通过质量检查,形成待发布的电子地图。

图 5.1　车载移动测量系统

验证无误的地图,需要进行转换编译和发布,生成电子地图数据库,从而完成生产环节。

5.2.2　外业数据采集

本节将介绍基于高效的车载移动测量系统,利用现有的连续运行基准站平台资源,开展车道级高精度电子地图的外业数据采集工艺流程。

1. 采集准备工作

提前一天需要规划道路级别的采集路线,包括中途服务站、进出匝道等,避免走错路、绕路等情况。

外业数据采集车一般装备的传感器包括激光雷达、摄像头、卫星定位导航模块和惯性测量单元。激光雷达所采集的点云通常可以提供精准的几何信息。摄像头可以提供丰富的像素信息,适合提取语义信息。卫星定位导航模块可以提供比较精准的位置信息,在比较开阔的场景可以提供厘米级别精度的信息,而它的缺点在于在城市、峡谷等路段,性能不够稳定,所以还会使用惯性测量设备。惯性测量设备的优点在于积分估计出的位置较准确,但是一定时间后会出现明显的累计误差。在采集准备阶段,需要做好以下工作内容:

(1)设备齐全。采集设备包括移动测量设备、车、计算机、固态硬盘、移动硬盘、定时动态测量接收机套件、对中杆、三脚架、基座。

(2)设备存储。确保固态及移动硬盘等的存储容量满足第二天采集工作的需求。

(3)设备电量。确保电瓶、各设备电池充满,满足第二天不低于 8 小时的采集任务。

(4)设备性能。设备工况是否满足采集需求、是否需要保养与维修更换等。

(5)设备标定参数。确保激光雷达、相机、卫星定位测量接收机到惯性测量单元的偏心矢量、设备型号等参数正确。

2.外业采集过程

在外业数据采集过程中,装有激光雷达、摄像头等设备的采集车会以 60~70 km/h 的速度在道路上行驶,设备自动进行激光点云数据、照片、定位数据、惯性导航数据等原始测量数据的采集,如图 5.2 所示。测量员需要在过程中实时监控采集设备的工作状态,并根据周围环境、路况等进行设备参数的调整,主要需要注意的事项如下:

图 5.2　采集车外业数据采集

(1)项目采集尤其在城区等恶劣观测环境采集时,为保障精度,需架设基站。基站应架设在空旷无信号遮挡的地方,城区应尽量架设在楼顶。另外避免架设在高压线、河水、湖泊附近,以防止不良干扰。基站尽量架设在采集片区中心附近,与流动站距离不宜过大,若采集区域过大,单次架设不能满足距离要求,应分批架设多个站点。基站观测时间尽可能达到 10 个小时,以满足基站厘米级别的坐标精度。项目采集完成后,终止基站观测,检查对中整平情况以核查基站是否发生移动。如若发生移动,基站数据不可用,需重新采集。

(2)基站开始正常观测后,再进行项目扫描采集。

（3）采集设备参数设置与初始化。点云横向间距＜1 cm，纵向间距＜15 cm。照片拍摄间隔＜15 m。按照采集要求对应外业采集工艺说明书进行设备参数设置。寻找合适地点对设备进行静态初始化，以获取设备的初始精确位姿。

（4）开始外业采集。严格对照外业工艺说明书进行采集操作。尽可能减少流动车辆、行人的遮挡，保持车辆的相应速度，严禁超出外业工艺规定的速度上限。保证原始采集数据的完备性与准确性。

（5）采集结束。在完成采集区域数据采集后，寻找符合要求的地点终止设备采集。

（6）外业原始数据拷贝与检查。将当天数据按照外业规范进行拷贝命名，并对原始数据进行抽样检查，保证当天采集数据的正确性。

（7）控制点、验证点。按照项目要求，选择对应的地面特征通过全站仪等仪器测量控制点坐标，并做好记录。

图 5.3　外业采集成果数据

3. 数据处理与解算

采集成果包括 4 个原始观测数据，分别为原始激光点云数据、原始相机数据、原始卫星定位测量数据及原始惯性导航数据。同时为了支持数据的高精度解算，还需要 3 个相应的基站参数、定时动态测量数据及仪器检校参数，合计 7 个采集成果，如图 5.3 所示。需要先检查原始数据的完整性、正确性，以及数据组织的正确性等，再进入后续环节。

1）轨迹数据解算

由于车辆在数据采集过程中记录的是卫星定位坐标点与惯性导航系统的位姿参数，如果想要获取精确的车辆轨迹则需要将卫星定位坐标点与惯性导航系统的位姿参数进行组合解算，以获取平滑精确的轨迹数据，如图 5.4 所示。

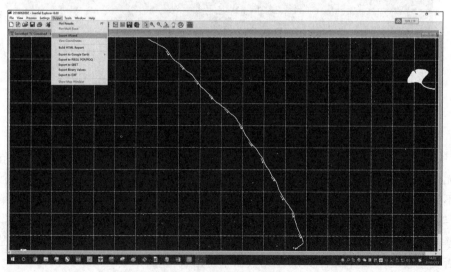

图 5.4　解算数据导出

2)点云数据解算

由于激光雷达只能精确测量自身与周边地物的相对位置坐标,如要获得三维地物的绝对坐标,需要结合车辆轨迹数据进行解算。

解算点云数据示例如图 5.5 所示。

图 5.5　点云解算结果

3)照片数据解算

全景照片在进行拍摄时也具备自身的拍摄位置、姿态信息,包括照片绝对位置、照片拍摄角度、照片拍摄方向等。由于点云数据需要与照片数据进行融合,所以对照片数据也需要进行解算。

解算完成的照片示例如图 5.6 所示。

图 5.6　照片解算成果

4)同步定位制图优化

在高精度电子地图采集过程中,精度是第一大难题。由于导航卫星信号的不稳定性、惯性导航的累计误差、设备自身的误差等极容易导致数据的精度无法达到要求,出现点云数据重影、坍塌等许多问题。因此需要通过人工控制点、点云数据等多维观测值,采用同步定位制图(SLAM)技术实现精度优化,保证地图的相对精度,并提升了绝对精度,主要包含如下步骤:

(1)在高精度电子地图平台中输入控制点文件与原始点云数据,如图 5.7 所示。

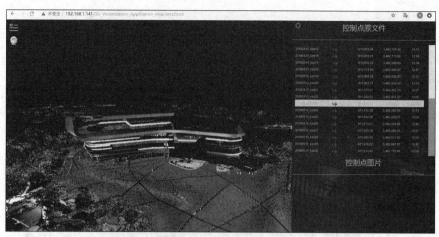

图 5.7　控制点文件

（2）匹配控制点与点云，并进行自动化优化。

（3）多次点云数据匹配，并进行自动化优化，如图 5.8 所示。

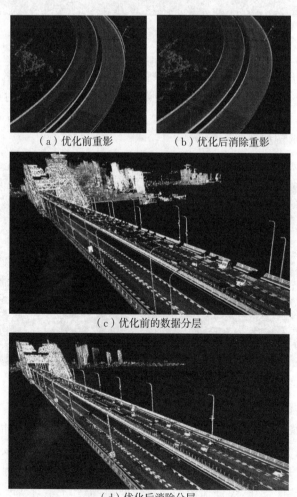

（a）优化前重影　　　　（b）优化后消除重影

（c）优化前的数据分层

（d）优化后消除分层

图 5.8　自动化优化

同步定位制图(SLAM)优化算法,可以有效提升高精度电子地图数据的获取精度,为后续地图数据的制作提供基础保障。

5)精度控制与评价

对于解算后的点云及优化后的点云,会进行严格的点云精度评估和控制,确保输入下一个环节的点云中的每个点的绝对精度都在厘米级别,主要步骤如下:

(1)同名点精度控制。同名点是指现实当中的同一个点被多次采集对应成为结果中的多个对应点,精度控制指同名点之间的距离,其值越接近为 0,表示精度优化结果越好,如图 5.9 所示。

```
    x    y z    dist
0.031275 0.00523915 -0.0901786 0.0955916
0.00474685 0.0708698 -0.00014435 0.0710287
0.000167843 -0.018873 0.027775 0.0335808
0.0341832 0.0297803 -0.0564601 0.0724093
-0.0143911 -0.0233957 0.0143275 0.0309797
-0.0400016 -0.012888 0.0132399 0.0440627
-0.0172131 0.0288446 -0.0164254 0.0373911
-0.0443453 -0.0311198 0.041256 0.0680956
-0.00353391 0.0299679 0.0241757 0.0386656
0.0491121 -0.0784252 0.0424343 0.1018
max:0.1018 min:0.000959743 sigma:0.0677808
```

图 5.9　同名点精度控制

(2)重影范围精度控制。如图 5.10 所示,通过计算 2 条同名线的几何距离、姿态角状态判断重影范围精度优化后的结果。

```
 x      y   z      yaw   pitch      roll
9.0551749565293e-07 -1.515388488782e-05 8.3938166499653e-06 -6.9091076992933e-07 -4.1253265014446e-07 -1.7203592705961e-07
-1.6894750132224e-07 -1.5611480908007e-07 -3.5350210962903e-06 -1.9259169903307e-07 -3.5267837995151e-07 -8.4028546809556e-07
-6.063655177968e-08 -9.0737370772587e-06 -8.8691152635434e-06 -5.6863739494872e-06 -6.1421425030638e-06 4.3122325821265e-07
-5.8818606873956e-08 7.2355982847494e-06 9.7245499491583e-06 3.3747646321913e-06 3.6592374232994e-06 7.176660745678e-07
2.2524222842435e-07 9.105857461722e-06 1.0211829096107e-05 3.3282641194177e-06 4.1559349808172e-06 -6.6181413305166e-07
-3.0905381009916e-07 -7.6776389033029e-06 -9.6325650815743e-06 -5.3162782642779e-06 -5.6453126901033e-06 2.6548412357386e-07
-4.1171901443704e-08 -2.6181340206932e-07 -5.7410039007166e-06 1.0489425852356e-06 4.8664596802566e-07 -3.6605505937537e-07
-2.3184158237655e-07 -3.7194373727623e-06 -1.2230165307159e-06 4.4167265889072e-07 1.1064285777851e-07 1.5277795273327e-07
2.4880279170247e-08 1.0011668782894e-06 -2.973377704607e-06 -2.3481500299738e-07 -1.379835303135e-07 -4.7112504186764e-07
2.4122558528461e-07 -2.0834909517653e-06 -3.3226907253381e-06 -2.3829512718621e-07 -4.623633569692e-07 2.5106929579799e-07
4.4534727905443e-07 1.0333918036842e-06 -3.8930028667394e-07 2.1778671310813e-08 3.2882972109127e-08 -3.3813875521815e-07
2.0197778916042e-07 1.3920087367225e-06 5.0597079059855e-07 -1.4556848615399e-07 -3.2977005952339e-08 1.584521864828e-07
4.6313554058486e-07 -5.7987123724956e-07 -7.8892055899171e-07 4.597365501624e-07 2.4046114002751e-07 1.3249566377382e-07
3.5097636441606e-07 -4.4477432966095e-06 -3.5222431179482e-06 7.7545911159049e-07 -2.5563590818484e-07 -1.9104381436819e-06
2.6492401872247e-07 -3.8097748831234e-06 3.0574314298093e-06 1.0709245357177e-07 3.8075358452239e-07 -4.2844691794386e-07
4.899045435991e-07 9.4901397829084e-07 1.2047998607656e-06 7.785516453751e-07 9.8723563857119e-07 -4.9202187080155e-07
3.3245608221932e-07 -2.8004896448497e-06 -1.993481069773e-06 -3.0415217100455e-07 -6.9928376463663e-07 -5.5693372802423e-07
4.1539221840026e-07 1.6635718056435e-06 4.2282752692746e-06 5.4687203387971e-07 1.7361142160693e-06 -1.0157992340609e-06
4.5060925302209e-07 1.2777897064886e-06 -1.7830878495939e-06 8.1650737282501e-08 -1.0167688795117e-06 -6.6794305308981e-07
5.0237029824984e-07 -1.8916147528358e-06 -6.5132230520071e-07 -9.3214926133456e-07 -1.5650069184678e-07 4.1020708518857e-06
2.3270584748047e-07 4.7923217061895e-07 1.2627355754358e-06 1.2340311079662e-06 1.9919242947933e-06 -3.913060437899e-07
-1.8622167274884e-07 1.401473535223e-06 3.4185089170941e-06 4.6553156236584e-06 3.0061263867794e-06 4.661777770476e-07
1.4675632122874e-06 7.7761453576297e-07 4.3360143897608e-07 6.7337600295758e-07 2.8617653882318e-06 -3.4471616849885e-07
6.2102451181545e-08 -9.1859442186148e-07 9.4547122708732e-07 5.3623447238138e-07 6.8130688391996e-07 -9.1463436246997e-07
1.1464022264818e-07 -1.6923178924877e-07 1.0351836676747e-07 -9.6684847816775e-07 7.1500231898364e-08 -5.9082858649973e-07
2.2802874433125e-07 1.7335200682145e-06 8.8721513746837e-07 8.6034465685003e-07 5.3655329156771e-07 -1.1994934323578e-06
1.4522355087365e-06 1.0676242411023e-05 -4.6743219712653e-06 -1.2872928856211e-07 1.5317578133667e-07 1.9630102143786e-07
-7.3174387082986e-07 -5.8743730186883e-06 -8.0493688581207e-06 -3.4766784438034e-06 -3.1884526652884e-06 9.3922768162891e-07
5.6722387498098e-07 8.0820769071538e-06 7.2121210396292e-06 2.5127080580667e-06 3.3514827374286e-06 4.9117017675293e-07
```

图 5.10　重影范围精度控制

5.2.3　电子地图的制作

高精度电子地图数据信息要素种类多、属性复杂、拓扑关系复杂,必须要通过自动化的手段才能实现高精度电子地图的大规模量产。

1. 点云分割与识别

通过点云深度学习,识别车道线、转向箭头、路灯、植被等物体,结果如图 5.11 所示,点云是离散、无序的非结构数据,无法直接应用深度学习模型,因此采用标注数据集训练深度学习模型,能够识别每个点的类型,同时能够判别哪些点组成一个目标对象。

此外,由于点云数据对颜色信息识别不敏感,还需要利用全景相机的影像数据进行信息补充。针对图像数据需要构建深度学习的模型,自动地识别提取相应要素,如图 5.12 所示。

图 5.11　分类自动识别结果

图 5.12　图像数据深度学习

2. 自动化建模与属性提取

高精度电子地图的核心内容包括两个,即车道线模型(lane model)和对象模型(object model)。对这两个对象进行几何、属性及拓扑关系建模。自动识别是对离散的激光点或者图片进行像素级别的语义理解,在此基础上的自动建模是建立目标对象级别的几何、拓扑和属性。

点状要素建模包括车道汇聚、分离等关键点的准确定位。

线状要素建模包括车道线、路沿、护栏和杆等。以车道线为例,自动识别的车道线要经过骨架线提取、追踪拟合、自动补全等工序以便生成完整平滑的车道线,此后还需自动生成车道中心线、道路中心线、路口的虚拟车道线。

　　面状要素建模包括路面箭头、文字、人行道、交通标牌等。以路面箭头标记为例,需经过类型识别、规则化、自动补全等工序以便生成完整的标准箭头。

　　1)车道线建模

　　车道线模型的核心为车道线,如图 5.13 所示。车道线建模功能能够自动识别、追踪、补全并拟合车道线,在有车辆遮挡的地方也能完整地建模出与现实世界一致的高精度平滑连续的车道线。

图 5.13　车道线自动建模

　　2)对象模型建模

　　对象模型的核心为杆和牌,建模结果如图 5.14、图 5.15 所示,线为建模的矢量图,点为原始点云。

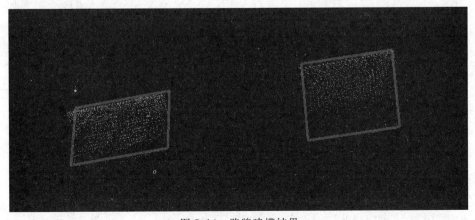

图 5.14　路牌建模结果

图 5.15　各类杆建模结果

3)拓扑关系建模

拓扑关系建模指通过识别道路标记、路牌信息,自动推理得出车道的邻接关系、路口车道的出入关系、红绿灯和车道的对应关系等拓扑关系。例如,计算每个车道在该条道路中的顺序。如图 5.16 所示,箭头所指的车道线为双向大车道中的北行第三车道。

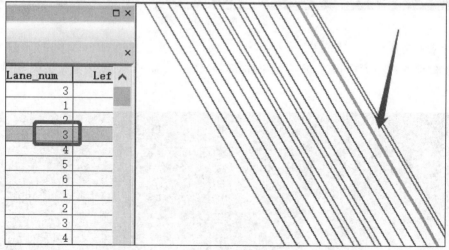

图 5.16　车道顺序建立

4)属性建模

属性建模主要是针对要素属性进行提取,如车道级别的横坡、纵坡、曲率、航向、要素名称等。如图 5.17 所示,图中 Slope 为纵坡,Banking 为横坡,Curvature 为曲率,Heading 为航向。

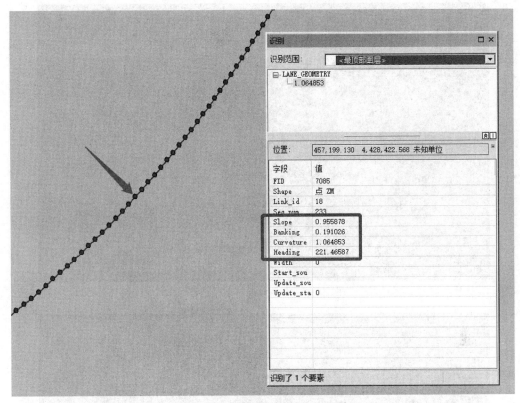

图 5.17　坡度、曲率、航向的识别

3. 地图质检

由于数据量大、数据要素多、属性种类复杂,需要对地图数据进行质检。质检过程也需要涉及大量自动化工具,另外加上人工质检,才能保证高精度电子地图数据的准确性、可靠性。地图质检主要包括精度质检、准确性质检和完备性质检。

精度质检主要是为了保证地图精度,包括地图的绝对精度与地图的相对精度。地图的绝对精度是衡量要素绝对坐标与真实绝对坐标之间的误差;地图的相对精度则是衡量地图要素及要素之间的相对位置关系与真实位置关系的形变大小。在进行地图绝对精度质检时主要依赖于精度优化步骤生成的精度评估报告,以及前期人工测量的控制点。地图的相对精度质检主要通过自身算法生产相对精度报告。精度质检主要是确认精度报告的生成是否有误,以及在精度不足的地方采取其他方式进行补救。

准确性质检,主要是针对生成的地图要素进行质检。其主要通过算法工具与人工排查两种方式同时进行质检。算法质检主要检查地图逻辑及属性值问题,如车道线的拓扑关系不能为空、不能为错;车道线编号符合命名规则等。通过算法进行质检后需要人工做二次复核。

完备性质检,主要是针对要素种类、属性种类进行质检。通过算法质检工具与人工排查两种方式同时进行质检。如图 5.18 所示为质检完成后的高精度电子地图。

5.2.4　电子地图的发布

由于现在高精度电子地图的需求高度差异化,不同用户具备不同的差异化需求,所以需要具备强大的规格编译和发布能力。图 5.19 是编译后的一种地图可视化效果。

图 5.18　高精度电子地图成果

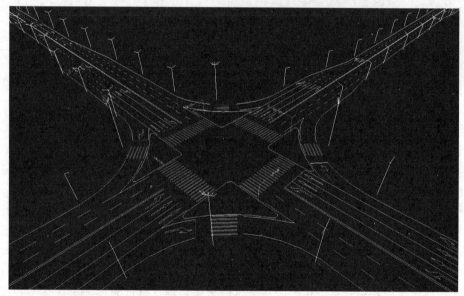

图 5.19　地图可视化效果

5.2.5　高精度电子地图的更新

高精度电子地图制作包括外业数据采集、内业电子地图生产、地图发布;高精度电子地图更新包括变化检测和交叉验证两大步骤。

高精度电子地图动态与静态信息并存的特性决定了后期的更新维护会占据更大的工作量。目前业内已经形成共识,相比于前期工作量巨大的绘图制图工作,高精度电子地图后期的维护与更新才是核心竞争点。无人驾驶时代所需要的局部动态高精度电子地图数据,依据更新频率可以划分为四类:静态数据(更新频率为 1 月)、半静态数据(更新频率为 1 小时)、半动态数据(更新频率为 1 分钟)、动态数据(更新频率为 1 秒)。与当前普及的电子导航地图

1～2 月更新一次的频率相比,高精度电子地图的更新频率之高、更新难度之大可想而知。传统的地图生产方式在面对高精度电子地图日级乃至更高频率的更新时会显得捉襟见肘。在这种情况下,出现了一种高精度电子地图的用户众包(user generated content,UGC)方案。

用户众包方案就是将地图更新的任务交给道路上行驶的大量非专业采集数据的日常行驶车辆,利用车载传感器实时检测环境变化,并与已知的高精度电子地图进行比对,当发现道路变化时,将数据上传至云平台,再下发更新给其他车辆,从而实现地图数据的快速更新。

搭载车载传感器的众多用户车辆成为众包采集车,主要采集路面和路标等数据,通过匿名方式加密上传至云系统,再通过云系统进行数据的加工整合,然后形成新的高精度电子地图,最后下发到允许高精度电子地图更新的车辆中进行使用,从而完成高精度电子地图的持续更新。

5.3　高精度电子地图的应用

5.3.1　在自动驾驶中的应用

高精度电子地图可以提供给车辆多重交通道路信息,如车道的曲率、坡度、路边交通标识牌和限速信息等,因此可以很好地满足自动驾驶技术对各类详细信息的需求。高精度电子地图的充分应用可以为自动驾驶提供众多量化的决策依据。

自动驾驶所定义的等级包括五级(L1,L2,L3,L4,L5)。L1 级的辅助驾驶只关注当前车道的横向或者纵向的辅助能力(如自适应巡航)。L2 级要兼顾车道的横向和纵向的辅助能力。L3 级是"条件自动驾驶",要求车辆自主地从给定的 A 点开到 B 点,这就需要车辆能够自主地完成变道等操作。相对于 L2 级,这是一个很大的跨度,不过 L3 级不要求在所有路段和所有时间都能够有效工作。而 L4 级则要求在指定路段的任何时间都可以有效工作。L5 级则需要实现任何时间任何路段的自动驾驶。

要实现自动驾驶需要实现感知、定位、规划和控制这几个步骤。感知就是需要车辆知道周围的环境是什么样,定位就是要知道"我在哪里",感知和定位的结合就可以让车辆理解周围的环境,并建立一个车路模型。规划指在建好的车路模型中规划路线,控制就是让车直接运行起来。

L2 级的感知只需要关注当前车道,而 L3 级要求车完成变道等操作,这就要求车辆具备360°全方位的感知能力,并对周围的车辆路径进行预测,进行路权判断。在高速公路场景中,主要需要关注车的运动,相对容易。而在城市环境中,由于人、自行车、动物等移动物体的运动存在很大的随机性,因此对它们运动的预测难度有所增加。

5.3.2　在交通监管中的应用

随着城市道路环境越来越复杂,智慧交通的发展势在必行。智慧交通监管平台的搭建需要结合视频监控、云计算、高精度定位及高精度电子地图等多种技术,应用在车辆监控、车道自由流、道路交通事故监测和预警等重要方向。因此,搭建高精度电子地图更有利于交通监管部门对道路情况进行全面的掌控和监管。

5.3.3　在 V2X 中的应用

V2X(vehicle to everything)，即车对外界的信息交换，是车联网技术中重要的一环。在智能网联汽车系统中，V2X 是基础。车辆通过路侧基础设施能够获取道路的基础环境信息，并利用这些基础设施进行高精度定位。高精度电子地图可以通过与基础设施中的道路边缘计算网络进行通信，来实现信息的收集与分发，并将可能引起交通问题的预测信息发送给边缘计算网络，进一步通知车辆做出提前决策。

思 考 题

一、选择题(单选)

1. 高精度电子地图的更新可以采用哪些方式？（　　）

　　A. 利用采集车重新采集　　　　　　B. 利用卫星遥感

　　C. 利用特定商务车搭载的传感器　　D. 利用采集车和其他方式结合

2. 外业数据采集车主要搭载哪些设备？（　　）

　　A. 激光雷达　　　B. 惯性导航设备　　C. 卫星定位设备　　D. 以上都是

二、简答题

1. 请简述高精度电子地图与传统电子导航地图的区别和优势。

2. 请简述高精度电子地图的采集及制作流程。

3. 车载移动测量系统作为一种先进的测量手段，它有哪些特点？

第6章　激光雷达在电力巡线中的应用

激光雷达测量技术为空间三维信息的获取提供了一种全新的数据获取方式。在测量作业中,激光的有向性、反射强等特性得以发挥,通过激光雷达获取的数据具备精度高、采集速度快等其他测量技术无可比拟的优势。随着国产激光雷达系统的成功研制,激光雷达测量装置的价格逐步下降,为激光雷达测量技术的推广应用奠定了基础,电力巡线是其主要的应用领域之一。通过机载激光雷达技术,获取电力走廊高精度的点云数据和数字影像。通过数据处理,生产出高精度的电力走廊三维模型,进而分析输电设备的运行状况和结构信息。

6.1　电力巡线的基本类型

6.1.1　电力巡线的背景

近年来,我国电网建设越发完善,电力事业蓬勃发展,随着物质文化水平的不断提高,人们对电力的需求越来越大,而电力生产的安全性、稳定性也对有关部门提出了更高的要求。当电网跨区域建设时,线路就会显得复杂,尤其当线路穿越茂密植被覆盖地区时,电力线路设计和建设更加复杂,对输电线路进行电力巡线和可视化管理工作将会遇到各种各样的困难。电网运营维护管理部门重中之重的工作是进行电力巡线,但它波及范围广、横跨区域复杂,从而提出了更严格的安全运行要求。然而,输电线路的如何布设、地形复杂度,也影响着线路的安全运行。为了安全用电,必须检测输电线路的运营状态,这就需要对线路进行定期检查、排查、及时维护,来排除安全隐患。传统的电力巡线通常采用地形图测量方式,测量专业组需要进行实际地形图测绘,这样不仅劳动强度大、周期长,而且视野具有局限性。

6.1.2　巡线方式

1. 传统人工巡检
传统人工巡检方式是依靠地面交通工具或徒步行走,利用普通仪器或肉眼来巡查设施、处理设备缺陷。但是许多长距离输电线路分布在地势起伏大、自然环境恶劣的地方,这便造成人工巡线任务艰巨、条件艰苦、效率低下、巡检数据准确性无保障等问题。

2. 传统直升机巡线
传统直升机巡线将直升机作为载体,搭载检测设备和检测人员,多采用红外摄像仪、数码摄像机、高分辨率望远镜、可见光录像机等设备进行巡线检测。与人工巡线的方式相比,直升机巡线在效率与准确性上有较大的提升,但无论是多光谱还是热红外技术,都存在空间定位测量精度不高的问题,获取到的数据处理起来较为烦琐,并且直升机巡线具有一定的危险性。

3. 机载激光雷达电力巡线
机载激光雷达电力巡线以直升机或无人机作为载体,作业时间广泛。机载激光雷达系统受天气影响较小;激光具有一定的穿透力,可以在一定程度上穿透植被,落在地面上,从而获取地形数据。机载激光雷达系统通过测距测角计算获取三维点云数据,其精度远高于摄影测量获取的高程数据的精度,并且点云数据获取高效,内业数据处理软件日益成熟,作业周期远短于传统巡线手段。若有建模需求,还可利用点云数据进行三维模型重建。

6.2 机载激光雷达电力巡线

6.2.1 基本原理

机载激光雷达电力巡线是以无人机或直升机为载体,搭载激光雷达系统,通过激光雷达系统进行巡线数据采集并进行巡线数据的处理,能够真实地反映出电力通道的沿线地表形态和地形地貌。技术人员通过对激光雷达所回传的相关数据进行处理,将相应的地表形态和地形地貌进行真实的三维立体呈现,使用户能够可视化地浏览输电线路设备设施的运行情况和结构信息,可以准确地发现输电线路设备运行状态的异常情况和安全隐患,以方便及时采取相应的处理措施,避免输电线路受到影响造成安全故障。

6.2.2 机载设备整体介绍

机载激光雷达是激光探测及测距系统,它集成了激光扫描仪、卫星定位导航模块、惯性测量单元、数码相机等设备。其中激光扫描仪利用返回的脉冲可获取地物目标高分辨率的距离、坡度、粗糙度和反射率等信息,而被动光电成像技术可获取探测目标的数字成像信息,经过信息处理而生成每个地面采样点的三维坐标,最后经过综合处理而得到一条带状的地面区域的三维定位与成像结果。

激光扫描仪可以主动获取输电线路通道的点云数据,结合卫星定位的坐标获得通道内地物的三维坐标信息。其中点云数据是离散不规则的点,其格式主要有两种,即 ASCII 码纯文本格式和 LAS 格式。由于地物复杂多样,因此需要对点云数据进行分类处理以区别不同的地物。机载激光雷达技术获得的地物精度高,操作快捷迅速,在测绘行业得到广泛使用,随着软硬件技术的迅速发展,已逐步用于地物的自动化分类。

6.2.3 外业采集技术路线

机载激光雷达外业采集技术路线如图 6.1 所示。

6.2.4 外业采集步骤

1. 航线规划

依据巡检指令规划作业任务。划分作业片区时,应充分考虑道路状况,在不同区域作业时,起降场地的转移应尽可能交通便利,不涉及重复翻山、渡河等情况。减少转场路途时间,增加有效作业时间,提高作业效率。

航线设计时须综合考虑地形的起伏以及满荷载下无人机的飞行高度、飞行速度等因素。如果遇到地形起伏比较大的地块,航线的设计尽量在目视范围内,无人机飞行的高度和速度决定扫描点云的点间距。在上述因素全部考虑进航线设计中后,将轨迹线路导入飞行平台中进行航线验证,并确定飞行任务结束后无人机的动作。以保证整个飞行架次的安全。

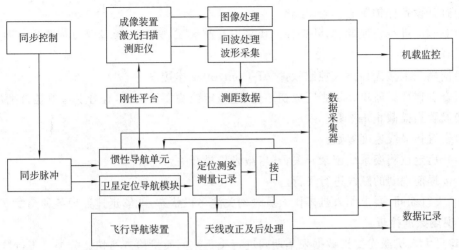

图 6.1　机载激光雷达外业采集技术路线

2．空域申报

按照国家空域使用的相关规定,依据设计单位提供的方案路径,确定线路空域位置,协商办理相关航摄飞行手续。沿线路走向,协调当地有关部门,选择使用线路就近平坦场地作为起飞基地。对工程进行航空摄影测量的过程中,应与相应的空域管辖部门进行空域协调取得空域使用许可。

3．测区踏勘

执行飞行任务前对项目实施现场的经济、地理、地质、气候等客观条件和环境进行现场调查,对环境敏感点、保护区、古树名木、人文遗迹、自然保护区等做标记,根据现场道路情况、输电线路走向,在遥感影像地图或专用地图上面初步确定航飞起降点。现场查看测区是否存在需无人机超视距作业的区域,做好这类区域的标记,并记录周边可以靠近作业区域的道路信息。提前查询禁飞区信息,包括调查输电线路是否经过军事区、空域管制区、特殊单位等,查看测区地形、地貌状况,根据线路台账信息,收集测区道路状况、气象资料等。通过现场踏勘分析研究飞行线路的设计,科学规划作业顺序,合理携带电池、备用设备、生活必需品、应急药品等。收集不同地形处的光照时段信息,关注现场的特殊建筑、特殊地形如信号发射塔(强干扰)、时令河(道路受阻)等情况。

4．参数设置

参数设置主要是设置机载扫描仪的参数,参数包含相机参数和激光雷达的参数。

5．精度收敛

进行精度收敛时应该选择开阔的场景,一是对卫星定位导航信号没有遮挡,二是保证飞行器能有足够的安全空间进行动态动作。动态动作最好是进行“8”字形运动。飞行器的“8”字形运动对系统误差收敛和达到标称的精度至关重要,激光雷达系统可以利用这一过程对惯性测量单元的常值误差、线性误差、温度误差、安装偏差角误差等多种误差进行评估和修正。

6．测区采集

完成精度收敛步骤后,无人机搭载激光雷达可直接进入待测区域进行数据采集。具体操作如下:

(1)打开卫星定位导航测量基站的记录开关,记录基站数据。

（2）打开设备保护罩。

（3）对测区进行实地勘察，并选择一块平坦开阔区域（导航卫星信号良好），对惯性导航单元进行初始化。

（4）使用三维激光扫描仪控制软件 ZT-Controller 连接设备。

（5）查看惯性导航单元是否完成初始化，连接定位测姿系统后，查看卫星数是否满足要求。

（6）设置扫描截止角参数。

（7）设置扫描线速度参数。

（8）开启定位测姿系统记录开关，开启激光扫描开关。

（9）按提前规划的航线进行飞行。

（10）飞行期间，要求无人机操作人员时刻关注飞机状态，能够迅速处理各种突发事件。

7. 现场数据检查

对每日无人机激光扫描数据采集期间进行飞行数据质量检查与快速分类。飞行数据质量检查步骤如下：

（1）数据文件检查。对地面基站原始数据、定位测姿数据、点云数据、影像数据进行备份。

（2）定位测姿数据检查。检查偏心分量测定精度，检查导航卫星信号失锁情况，检查时间信号，检查惯性测量单元数据。

（3）地面卫星定位导航基站数据检查。检查采集时段与飞行时段是否吻合，检查采样频率是否满足要求。

（4）点云数据检查。航带重叠度满足要求，无绝对漏洞；点云覆盖范围满足要求；不同架次航带间和不同架次航带间的接边误差满足要求；点云噪声情况正常；点云密度满足要求；点云数据精度满足要求。

（5）影像数据检查。统计影像片数，与定位测姿数据是否对应；检查影像覆盖率，是否覆盖整测区；检查实际影像重叠度，判断是否和设计一致；检查影像画面质量，包括色调、阴影和云影等。

8. 数据整体检查

针对点云和影像数据反馈出来的输电线路地线异常、杆塔倾斜、线路走廊被外力破坏等明显缺陷，立即反馈给甲方现场或后方技术负责人，检查并填写《飞行数据质量检查记录表》。

6.3　激光雷达电力巡线数据处理

激光雷达电力巡线数据处理，包括对点云数据的预处理、正式处理和数据分析。对激光雷达电力巡线数据的处理多采取软件自动处理结合人工处理的方式。

6.3.1　数据处理软件简介

1. 轨迹解算软件 Inertial Explorer

Inertial Explorer(GPS-IMU)后处理软件适用于集成与 GPS 后处理器相结合的 GPS 信息和 6 自由度的惯导传感器。Inertial Explorer 利用捷联式加速计（$\Delta\nu$）和角速度（$\Delta\theta$）信息，可从多个类型的惯性测量单元中产生高速率的坐标和姿态信息。

2. 征图数据融合软件 ZTPreProcess

征图数据融合软件 ZTPreProcess（软件名也称作 PointProcess），是一款自主研发的点云融合软件,是基于 Windows 操作系统的激光数据处理软件,提供激光数据预处理、激光数据融合处理。该软件可用于激光雷达系统中惯性导航数据的格式转换、原始激光数据解码等预处理功能,为后期在此软件中的激光数据融合做好预处理准备。此软件还可用于将激光数据与定位测姿数据融合,实现时间配准与空间配准,将激光点云坐标由相对坐标转换为 WGS-84坐标系下的绝对坐标。PointProcess 可以针对 RIEGL、Velodyne 系列激光扫描仪进行数据处理,并提供. las、. xyz 等格式的融合结果点云数据。

3. TerraSolid

TerraSolid 系列软件是一套商业化激光雷达数据处理软件,是基于 MicroStation 操作系统开发的,运行于 MicroStation 系统之上。它包括 TerraMatch、TerraScan、TerraModeler、TerraPhoto、TerraSurvey、TerraPhoto Viewer、TerraScan Viewer、TerraPipe、TerraSlave、TerraPipeNet 等模块。

1)TerraScan

(1)行业普遍应用的点云数据格式:EarthData EEBN、EarthData EBN、Fast binary、LAS1. 0/1. 1/1. 2、Scan binary 16/18 bit lines;可拓展的格式有:xyz、txt、bin、ebn、fbi、las。

(2)支持多种扫描系统采集的数据:车载机载移动采集系统、地面架站式扫描仪、背包式采集系统、手持扫描仪、海洋多波束采集系统等。

(3)三维点云可视化,支持多种浏览模式。

(4)多种点云编辑工具。

(5)点云数据的自动化分类和手动分类。

(6)交互式判别三维目标,对地物进行对象化、矢量化(建筑物、电力线、道路等)。

(7)可自定义工作流程式(平滑点云、转换点云、过滤噪点)。

(8)多种工具批量处理海量点云,支持任意独立点的编辑。

(9)输出信息表单(距离、法向量、控制点、分类信息等)。

2)TerraModeler

(1)多种工具编辑表面模型。

(2)支持多源数据建模(点云、矢量线、xyz 文本)。

(3)自定义规则构建各类特征模型(创建等高线图、平面/立面/剖面图、规则格网图、坡向图、彩色渲染图等)。

(4)支持多种形式的三维测量、面积体积计算。

(5)生产 4D 产品(DEM、DOM、DLG、DRG)的主要工具。

(6)输出信息表单(点云文本文件、格网文件、矢量要素等)。

(7)支持以表格形式绘制 dgn 格式的剖面图。

3)TerraMatch

(1)激光扫描点云数据的自动校正。

(2)轨迹匹配精确校准。

(3)先进算法的定向误差评估调整。

(4)采用区域匹配识别并纠正扫描过程中的误差。

(5)利用控制点和定位测姿数据文件通过算法来校准导航卫星信号失锁下的点云。

4）TerraPhoto

（1）自动化镶嵌并生成正射影像。

（2）可自动创建缩略图。

（3）计算深度地图，计算阴影地图。

（4）修正羽化，纠正影像边缘。

（5）根据激光点构造精确的地形表面不规则三角网模型。

（6）根据高程值逐像素纠正影像，自动平滑过渡两个影像间的色差。

（7）支持行业通用影像格式：ECW、GeoTIFF、TIFF、BMP、CIT、COT、RLE、PIC、PCX、GIF、JPG 和 PNG。

（8）支持多种相机的参数文件：DiMAC、iWitness、Leica RCD、MATLAB、RIEGL、Rollei、Trimble MX、US/Applanix。

（9）支持基于倾斜影像建立三维模型。

4．激光雷达点云线路巡检软件

SmartGIS LidarPowerline 是专注电力领域研发的一款激光雷达数据分析软件，如图 6.2 所示。通过对点云数据的处理分析，可满足输电线路通道隐患精准提取、自定义线路工况模拟预警、线路基建竣工验收检测、精细化巡检线路设计等多种电力场景的生产应用需求。

图 6.2　SmartGIS LidarPowerline 启动界面

6.3.2　激光雷达点云数据解算

机载激光雷达测量系统对输电线路进行扫描后，获取的原始数据有时间数据、激光距离测量值、机载卫星定位测量数据、惯性导航测量数据、地面基站导航卫星数据，而有些原始数据没有坐标和空间信息，所以想要得到点云的三维坐标值，还要进一步对原始数据进行处理。

1．轨迹融合解算

利用轨迹数据处理软件，融合卫星定位测量后差分数据与惯导数据得到高精度的位置和姿态数据。

1）地面基站和机载卫星定位数据解算

首先利用机载激光雷达测量系统自带软件对地面基站测得的和机载设备测得的卫星定位测量数据进行联合差分解算，可以精确确定无人机扫描过程中的飞行轨迹。

2)惯性测量单元(IMU)数据处理

将惯性测量单元数据进行数据整理和格式转换,满足后续数据处理需求。

3)组合导航解算

顾及吊舱码盘角度、导航卫星信号接收天线相位中心与惯性测量单元几何中心的偏心分量,利用系统软件将差分后的航迹进行杆臂补偿,解算出惯性测量单元几何中心的航迹。惯性测量单元几何中心航迹与姿态进行联合式组合导航解算,解算出精确航迹和姿态角。

2. 机载激光雷达点云解算

激光雷达系统直接获取的是激光光束发射角度及该光束往返时间,不能直接形成三维数据,因此需要通过三维点云解算,将每个激光脚点的发射角及测距值解求为成图坐标系下的三维坐标。由于激光雷达系统的成像模式各不相同,其相应的系统成像模型也不同,与硬件系统的工作模式紧密相关。

通过三维点云解算处理,联合激光脉冲的往返时间和位置姿态信息,求出每个激光脚点的三维坐标(X,Y,Z),最后通过系统检校减弱安置误差对点云精度的影响。

3. **数据检查**

扫描得到的产品外形数据会不可避免地引入数据误差(图 6.3),尤其是尖锐边和边界附近的测量数据。测量数据中的坏点,可能使该点及其周围的曲面片偏离原曲面。所以要对原始点云数据进行预处理,将点云解算后获得的高精度点云数据,导入点云后处理软件,进行以下处理:

图 6.3 点云剔除异常点

(1)去掉噪声点。常用的检查方法是将点云显示在图形终端上,或者生成曲线曲面,采用半交互半自动的光顺方法对点云数据进行检查调整。

(2)数据插补。对于一些三维扫描仪扫描不到的区域,其数据只能通过数据插补的方法来补齐,这里要考虑两种曲面造型技术,即基于点-样条的曲面反求造型和基于点的曲面拟合造型技术。

(3)数据平滑。数据平滑的目的是消除噪声点,得到精确的模型和良好的特征提取效果。采用平滑法处理,应保持待求参数所能提供的信息不变。

(4)数据光顺。光顺泛指光滑、顺眼,但由于精度的要求,不允许对测量的数据点施加过大的修改量来满足光顺的要求。另外由于实物边界曲面的多样性,边界上的某些特征点(边界折拐点)必须予以保留,而不能被视为"坏点"。

4．航带拼接和系统误差改正

航带拼接时，不同航带间点云数据同名点的平面位置中误差应小于平均点云间距，高程中误差应达到项目指标要求。如果中误差超限且存在系统误差，应先采取布设地面控制点或参考面的方式进行系统误差改正，待小于限差后，再进行航带拼接。

6.3.3　激光雷达点云数据分类

输电线路走廊内地形、地貌、地物（植被、建筑等）、杆塔、挂线点位置等是电网建设和管理极为关注的对象。但是一次飞行任务获取的输电线走廊原始点云数据包括了扫描范围内的所有地物目标的三维空间信息，数据量庞大，并且必然包含大量的噪声点，而实际应用中需要剔除这些噪声点，并将不同类型地物要素分离出来。点云数据处理（去噪、分类等）是走廊三维重建、安全距离分析等应用的基础，是点云数据自动化处理研究的核心与难点，更是目前机载点云内业处理中最费时费力的环节。点云分类的目的是将获取的原始激光雷达点云标记为地面点、植被点、建筑点、输电线路点、杆塔点等，这是分析输电线路安全及建模的基础。地面点和输电线路点分类可以基于高程特征自动识别；植被点、建筑点、道路点以及杆塔点和绝缘子点等精细电力设施可结合相关算法进行标注或手动标注。

依据电力走廊各类别数据（电力线、杆塔、地面点、低植被点、高植被点、建筑物及道路等）特征，基于决策树算法实现各种类别数据的一键自动提取即直接进行全部类别的提取，或分类别分步骤对各类别进行逐一提取，两种提取方法得到的结果是一致的。数据提取流程如图6.4所示。

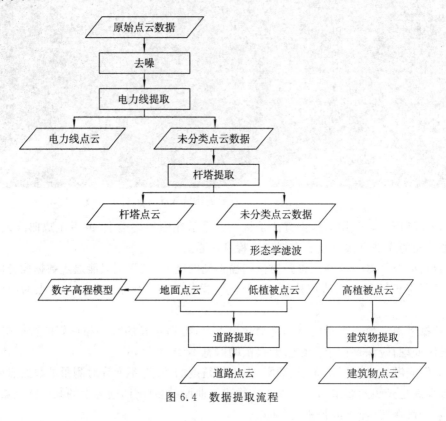

图 6.4　数据提取流程

1. 激光雷达点云快速分类

使用南方测绘公司研发的电力激光雷达点云数字化建模软件，可快速将输电线路激光雷达点云分为电力线、杆塔、植被、建筑物、道路、地面点、噪声点等多个类型，如图 6.5 所示。

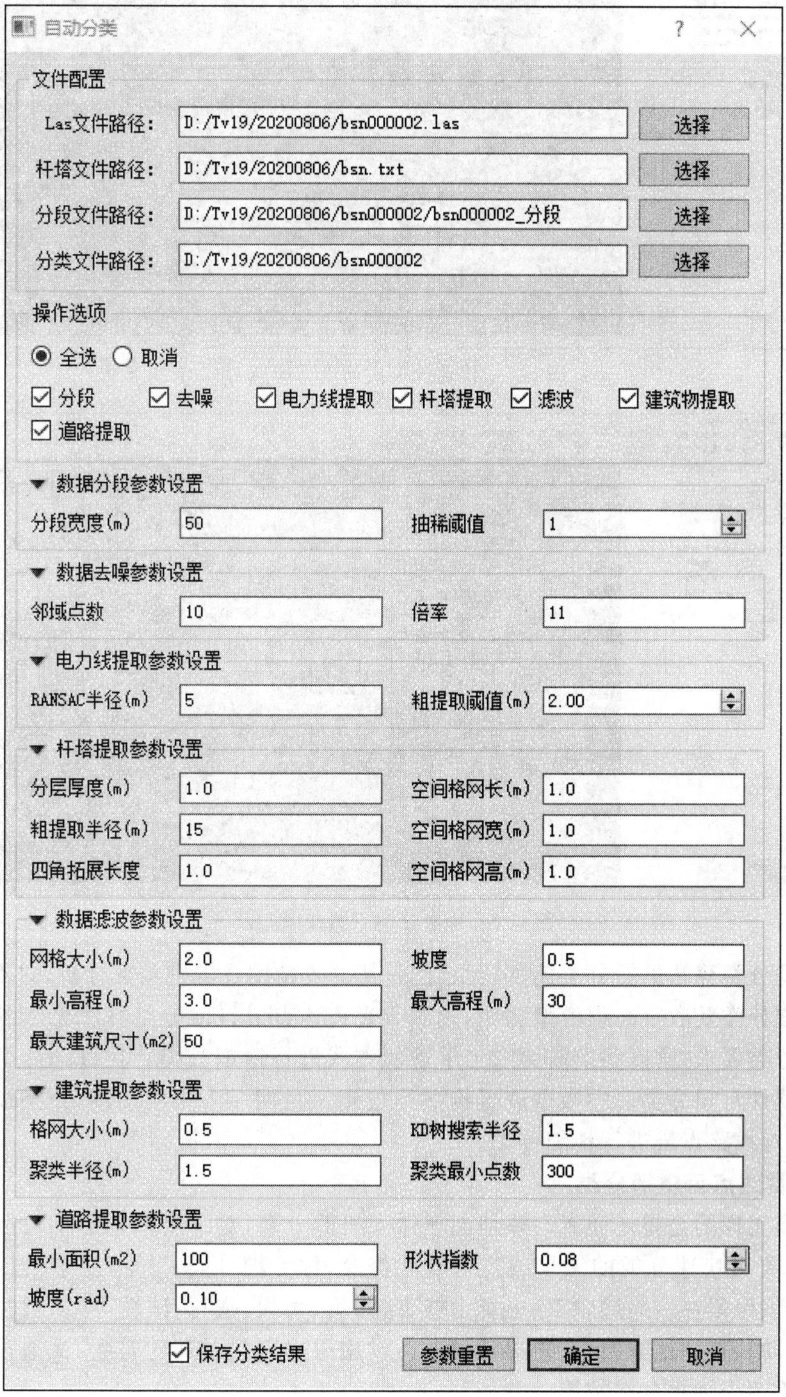

图 6.5　自动分类界面

快速分类效果浏览如图 6.6、图 6.7 所示。

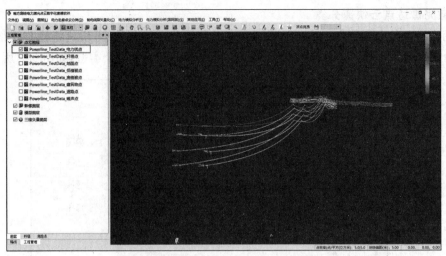

图 6.6　快速分类后的电力线点云

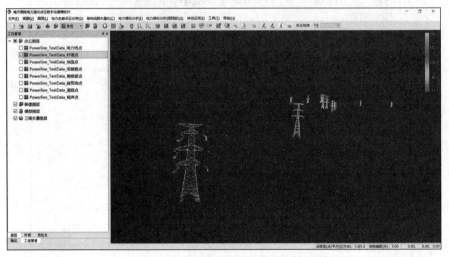

图 6.7　快速分类后的杆塔点云

　　点云自动分类算法虽然分类速度较快,但是从分类精度及类别角度分析,它不适合直接应用于点云精细分类及数字高程模型制作,光靠激光雷达点云自动分类算法无法满足本项目中的专题点云分类要求,所以后期需要人工干预的方式进行精细分类。在自动分类的基础上利用点云分类软件对粗分类后的数据进行构建不规则三角网(TIN)检查,对分类错误的点重新进行分类,即对线路点云进行精细分类。

2. 激光雷达点云精细分类

　　快速分类实现的是将地面点与非地面点做大概的分离,对于复杂地形不可能实现正确无误的分类,需要对快速分类的结果进行检查和修改,称为细分类。检查修改的内容主要是两类:一类是应该保留在地面层中点(山脊山谷、路沟坎、大坝、礁石、田埂等)却被粗分类到非地面层,需要手动调整到地面层中;错误归到电力设施中的点(植被、建筑物、交通设施、桥、小物体等),需要手动干预粗分类结果。

　　在快速分类的基础上,使用 TerraSolid 中的 TerraScan 功能模块,对快速分类后的点云进行精细分类。

1）地面点云精细分类

对激光雷达点云数据进行自动过滤后，特殊地形区域数字高程模型质量不高，通过点云的剖面图及三维立体环境下使用线上、线下、线中间、框体等操作工具进行手工分类，如图 6.8 所示。自动分类错误主要表现为：①地表数据不完整；②非地表数据有残留。

2）建筑物精细分类

通过自动分类算法可以把建筑物的顶部轮廓识别出来，如图 6.9 所示，但

图 6.8　精细分类后的地面点云

对于建筑物顶部比较复杂的结构、建筑物立面、在建中或破损的建筑物无法做精细分类。精细类的软件操作方式跟地面点手工分类方法一致。

图 6.9　建筑物分类成果

3）植被精细分类

在自动分类算法中可对植被进行初步分类，在此基础上根据高程信息进行精细分类，如图 6.10 所示。

图 6.10　植被精细分类

在软件实际显示的图中，土黄色的点为地面，蓝色的点为 0～1 m 植被，红色的点为 1～5 m 植被，绿色的点为 5 m 以上植被。

4)电力线及铁塔精细分类

电力线及铁塔分类的工作中区别导线与铁塔连接的部分较难,工作量也很大,导线与铁塔连接的部件绝缘子串归为杆塔层中,导线两侧绝缘子串之间连接的导线部分划分为导线层中,如图 6.11 所示。

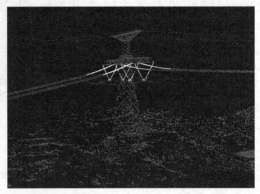

图 6.11   电力线及铁塔精细分类成果

5)点云分类质量控制

对分类结果进行检查。通过将点云分类显示、按高程显示等方法,目视检查分类后的点云,对有疑问处用断面图进行查询、分析。地面点检查一般采用建立地面模型的方法进行检查。对模型上不连续、不光滑处,绘制断面图进行查看,结合对应影像,辅助检查分类的可靠性。

6.3.4   线路点云分段处理

按照技术规范的要求或双方沟通后的结果进行分类后,将整条线路按照耐张段进行分段处理,每分段尽量包含一个完整耐张段,并且连续的两个分段之间至少有一个耐张塔重合,分段点云按点云类别进行分文件存储。

6.3.5   线路杆塔坐标信息提取

确定激光数据中的杆塔信息,主要是获取杆塔的中心点坐标。使用南方智能电力激光雷达点云软件,基于分类后的杆塔点云数据,可快速精确提取杆塔坐标信息。

坐标信息获取步骤如下:

(1)加载杆塔分类点云。

(2)通过自动提取功能,获取杆塔坐标。

(3)设置起始杆塔号,拾取起始杆塔位置。

(4)拾取起始杆塔坐标。

(5)拾取终止杆塔坐标。

(6)确定后自动提取对应杆塔点云中的杆塔坐标。

(7)查看杆塔坐标列表,可编辑提取的坐标。

(8)导出杆塔坐标定位测量结果。

(9)查看导出杆塔坐标定位测量结果。

(10)基于点云及模板整理台账数据,最后整理得到杆塔坐标台账表格。

6.3.6　激光雷达点云隐患分析

根据《架空输电线路运行规程》(DL/T 741—2019)等相关规范要求,基于快速分类激光雷达点云数据,自动进行输电导线之间、导线与地面、建筑物、树木、线路交叉跨越、交通设施等其他线路间距的自动量测,形成安全距离快速检测报告,并负责报告的整理,按照要求形成统一的检测报告。检测报告的主要内容包括通道隐患明细表和通道隐患详细描述,通道隐患详细描述包括通道隐患的描述信息和通道隐患的俯视图、侧视图和切片图。

1. 实时工况安全距离分析

输电线路实时工况安全检测主要是进行危险点的距离计算与分析,计算提取点云数据中的导线与建筑物、公路、河流、树木、铁路等走廊地物之间的距离,并进行危险点判别与分析,有利于提高线路巡检效率、降低运维成本与风险,及时发现输电线路故障危险位置。如图 6.12 所示,对两基杆塔间的导线点云数据进行距离计算与危险点面积统计判别,并且根据输电线路运行规范,判别危险级别。

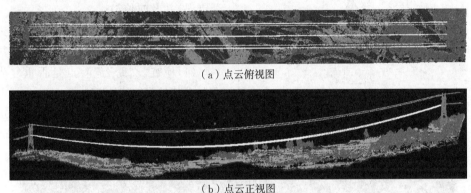

(a) 点云俯视图

(b) 点云正视图

图 6.12　导线点云数据展示

2. 交叉跨越检测分析

通过输电线路激光雷达点云数据分析软件,分析处理机载激光雷达获取的高精度点云,快速获得高精度三维线路走廊地形地貌、线路设施设备,以及走廊交跨点的精确三维空间信息和三维模型,根据输电线路安全距离的要求,分析线路走廊内交叉跨越等净空距离,进而确定线路运行状态是否安全,并对超过预定安全距离的危险点形成报表并进行标识提示(图 6.13)。

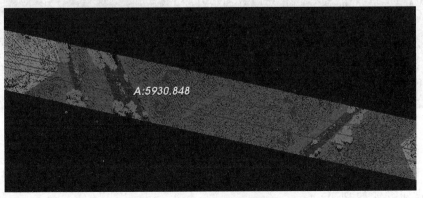

图 6.13　交叉跨越检测示意

3.树木倒伏分析

树木倒伏分析是对于导线上的每个点云数据,取垂直于导线方向平面,计算该平面内该导线上一定范围的点云到每个地面点 g 的距离 L_g;设置导线允许的安全距离为 L,则当考虑树木倒伏时,该地面点 g 处允许的树木高度 $h = L_g - L$;取该地面点 g 处,竖直方向上最远的树木点,计算得到距离 h_t,取其为树木高度;判定 h_t 与 h 的大小关系,当 h_t 大于 h 时,该点树木为不安全状态,否则该点树木为安全状态。在检测树木安全距离时,该软件考虑了树木倒伏对安全距离的影响,解决了树木可能倒伏时,安全距离的核算问题,保证台风等极端条件下输电线路的安全,原理如图 6.14 所示。

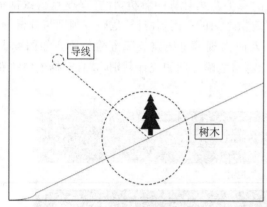

图 6.14　树木倒伏分析原理

4.隐患点核查

隐患点核查是对各隐患点进行人工交互检查(图 6.15),具体操作步骤如下:

(1)点击"重新加载"显示危险点。

(2)检查"实时""交跨""倒伏"危险点是否错误,并及时修改。

(3)检查"实时"实时危险点是否为噪声点或其他类(非树木类)。

(4)检查"交跨"危险点是否重复生成危险点或其他类(非交跨物类)。

(5)检查"倒伏"危险点是否为噪声点或其他类(非树木类)。

图 6.15　隐患点示意

5.分析报告合成与输出

输电线路隐患点的分析内容较多,依据需求可针对分析内容进行自定义的汇总与输出,形成分析报告如图 6.16 所示。

220kVB 线路（#0001-#0003）

激光扫描分析报告

报送单位：B 电力公司

报送时间：2021 年 04 月

图 6.16　分析报告

6. 精确台账分析与管理

基于南方测绘自主研发的激光扫描数据分析和管理系统对分类点云数据的分析结果和原始台账信息进行管理，对原始台账信息进行自动更新或手动维护更新，更新内容包括杆塔名称、档距、经纬度、高程和杆塔性质等（图 6.17）。

杆塔名称	序号	杆塔性质	转角	下基档距	跨越物	经度(E)	纬度(N)	高程(m)	是否同塔双回
#0001	1	耐张塔		57.99		119°34′07.443″E	26°41′18.698″N	55.121	否
#0002	2	耐张塔	左70°48′22″	561.29		119°34′09.187″E	26°41′19.744″N	56.298	否
#0003	3	耐张塔	右40°	921.29		119°34′04.094″E	26°41′37.390″N	63.881	否
#0004	4	耐张塔	右8°52′51″	153.69		119°34′18.426″E	26°42′04.402″N	157.3	否
#0005	5	直线塔		447.45		119°34′21.563″E	26°42′08.522″N	171.871	否
#0006	6	耐张塔	左32°16′5″	451.74		119°34′30.692″E	26°42′20.521″N	121.351	否
#0007	7	耐张塔	左20°29′58″	347.59		119°34′31.285″E	26°42′35.183″N	21.009	否
#0008	8	直线塔	左1°56′10″	238.88		119°34′27.313″E	26°42′45.893″N	14.351	否
#0009	9	耐张塔		-		119°34′24.308″E	26°42′53.167″N	12.711	否

图 6.17　线路台账

6.3.7　成果整理与提交

数据处理结束后应对成果进行汇总梳理与检查,确保提交成果的正确性,内容包括:

(1)线路台账格式和内容应正确。

(2)交叉跨越类型与平断面图所述须一致。

(3)平断面图应清晰完整,图幅接边处不可漏缺,平面图和断面图须对应一致。

(4)实时工况安全距离检测危险点不应存在异常,符合运行规范,危险点信息描述与平面图一致。

(5)模拟工况安全距离检测报告危险点描述与实时工况安全距离检测报告危险点描述不应有冲突。

思考题

一、选择题(单选)

1. 下列选项中,哪一项不是激光雷达数据采集的特点?(　　)

　　A. 可以以直升机或无人机作为载体

　　B. 采集数据精度高

　　C. 与传统数据采集方式相比,受天气、地形影响更大

　　D. 可穿透树叶等障碍物采集地形数据

2. 机载激光雷达不包括下列哪一部分?(　　)

　　A. 激光扫描仪　　　　B. 定位系统　　　　C. 数码相机　　　　D. 录音设备

3. 无人机激光雷达扫描系统进行外业数据采集时,不包括下列哪一步骤?(　　)

　　A. 测区倾斜摄影　　B. 航线规划　　　　C. 测区踏勘　　　　D. 现场数据检查

4. 关于电力线巡检,下列哪项说法是正确的?(　　)

　　A. 定期进行电力线巡检,可排查线路隐患,保障供电安全

　　B. 直升机无法用于电力线巡检

　　C. 若电线位于自然环境恶劣的区域,可不用巡检

　　D. 无人机只需搭配摄影摄像系统,即可进行电力线巡检

5. 关于无人机激光雷达外业数据采集航线规划,下列说法错误的选项是(　　)。

　　A. 航线规划时应充分考虑道路状况,在两块区域起降场地之间转移时尽可能交通便利,不涉及重复翻山、渡河等情况

　　B. 规划好航线后,可在室内操控无人机进行作业

　　C. 航线设计时应综合考虑地形的起伏、满荷载无人飞行高度、飞行速度等因素

　　D. 无人机到达目标区域后,尽量减少无人机在靠近杆塔的区域反复移动

6. 下列关于点云数据分类描述错误的选项是(　　)。

　　A. 点云数据分类是点云数据自动化处理的重难点之一

　　B. 应用相关软件可以快速地分类点云数据

　　C. 如今,点云数据处理软件已经可以精细化分类点云数据,从而不需要手动分类

D. 点云分类的目的是将获取的原始激光点云标记为地面点、植被点、建筑点、输电线路点和杆塔点等

7. 下列哪一项不是激光点云输电线路隐患分析的内容？（　　）

A. 输电线路实时工况安全距离分析　　　B. 输电线路交叉跨越检测分析

C. 树木倒伏分析　　　D. 输电线路密度分析

二、简答题

1. 简述激光雷达系统数据采集的原理。

2. 在使用机载激光雷达进行输电线路外业数据采集时需要哪些步骤？

3. 简述激光雷达电力巡线的优点。

第7章　建筑信息模型的应用

建筑信息模型（building information model，BIM）的出现引发了工程建设领域的第二次数字革命。BIM软件不仅带来现有技术的进步和更新换代，也会影响生产组织模式和管理方式的变革，并将推动人们思维模式的转变。本章对建筑信息模型进行概述，详细介绍南方测绘自主研发的建模软件及其建模流程，并介绍BIM与当前信息技术结合的创新应用。

7.1　建筑信息模型概述

7.1.1　建筑信息模型简介

建筑信息模型技术是Autodesk公司在2002年率先提出，已经在全球范围内得到业界的广泛认可。它可以帮助实现建筑信息的集成，从建筑的设计、施工、运行直至建筑全生命周期的终结，各种信息始终整合于一个三维模型信息数据库中，设计团队、施工单位、设施运营部门和业主等各方人员可以基于建筑信息模型进行协同工作，有效提高工作效率、节省资源、降低成本，以实现可持续发展。建筑信息模型是从继承和发展于机械制造业的建筑产品模型（building product model，BPM）的概念演化而来，它通过对建筑构件及其相互关系建立统一的、完整的数字模型，来最大限度地实现建筑信息数字化的全信息模型。更确切地说，它是一个智能化的建筑物三维模型，能够连接建筑生命期不同阶段的数据、过程和资源，是对工程对象的完整描述，可被建筑项目各参与方普遍使用，帮助项目团队提升决策的效率与正确性。

1. 定义

建筑信息模型技术是一种应用于工程设计、建造、管理的数据化工具，通过对建筑的数据化、信息化模型整合，在项目策划、运行和维护的全生命周期过程中进行共享和传递，使工程技术人员对各种建筑信息做出正确理解和高效应对，为设计团队及包括建筑、运营单位在内的各方建设主体提供协同工作的基础，在提高生产效率、节约成本和缩短工期方面发挥重要作用。

引用美国国家建筑信息模型标准（NBIMS）的定义，其由三部分组成：

（1）建筑信息模型是一个设施（建设项目）物理和功能特性的数字表达。

（2）建筑信息模型是一个共享的知识资源，是一个分享有关这个设施的信息，为该设施从概念到拆除的全生命周期中的所有决策提供可靠依据的过程。

（3）在设施的不同阶段，不同利益相关方通过在建筑信息模型中插入、提取、更新和修改信息，以支持和反映其各自职责的协同作业。

2. 核心

建筑信息模型的核心是通过建立虚拟的建筑工程三维模型，利用数字化技术，为这个模型提供完整的、与实际情况一致的建筑工程信息库。该信息库不仅包含描述建筑物构件的几何信息、专业属性及状态信息，还包含了非构件对象（如空间、运动行为）的状态信息。借助这个包含建筑工程信息的三维模型，大大提高了建筑工程的信息集成化程度，从而为建筑工程项目的相关利益方提供了一个工程信息交换和共享的平台，如图7.1所示。

3．特点

建筑信息模型具有以下五个特点。

1）可视化

可视化即"所见所得"的形式，对于建筑行业来说，可视化的真正运用在建筑业中的作用是非常大的。例如经常拿到的施工图纸，只是各个构件的信息在图纸上采用线条绘制表达，但是其真正的构造形式就需要建筑业从业人员去自行想象了。建筑信息模型提供了可视化的思路，让人们将以往线条式的构件形成一种三维的立体实物图形展示在人们的面前。可视化的结果不仅可以用效果图展示及报表生成，更重要的是，项目设计、建造、运营过程中的沟通、讨论、决策都在可视化的状态下进行。

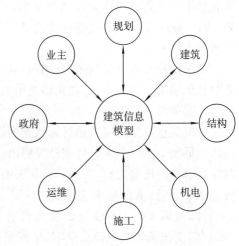

图 7.1　建筑信息模型信息共享

2）协调性

协调是建筑业中的重点内容，不管是施工单位，还是业主及设计单位，都在做着协调及相互配合的工作。一旦项目在实施过程中遇到了问题，就要将各有关人士组织起来开协调会，找问题发生的原因及解决办法，然后做出变更，提出相应补救措施来解决问题。在设计时，往往由于各专业设计师之间的沟通不到位，出现各种专业之间的碰撞问题。建筑信息模型的协调性服务就可以帮助处理这种问题，也就是说可在建筑物建造前期对各专业的碰撞问题进行协调，生成协调数据，并展示出来。

3）模拟性

模拟性并不是只能模拟设计完成的建筑物模型，还可以模拟无法在真实世界中进行操作的事物。在设计阶段，建筑信息模型可以对设计上需要进行模拟的一些东西进行模拟实验。例如节能模拟、紧急疏散模拟、日照模拟、热能传导模拟等；在招投标和施工阶段可以进行四维模拟（三维模型加上项目的发展时间维），也就是根据施工的组织设计模拟实际施工，从而确定合理的施工方案来指导施工。

4）优化性

事实上整个设计、施工、运营的过程就是一个不断优化的过程。当然优化和建筑信息模型也不存在实质性的必然联系，但在建筑信息模型的基础上可以做更好的优化。优化受三种因素的制约，即信息、复杂程度和时间。没有准确的信息，做不出合理的优化结果，建筑信息模型提供了建筑物的实际存在的信息，包括几何信息、物理信息、规则信息，还提供了建筑物变化以后的实际存在信息。现代建筑物的复杂程度大多超过参与人员本身的能力极限，建筑信息模型及与其配套的各种优化工具提供了对复杂项目进行优化的可能。

5）可出图性

建筑信息模型不仅能绘制常规的建筑设计的图纸及构件加工的图纸，还能通过对建筑物进行可视化展示、协调、模拟、优化，并出具各专业图纸及深化图纸，使工程表达更加详细。

4．发展历程

建筑信息模型的提出源于建筑业产业结构的分散性所导致的信息共享问题，旨在通过引入先进的信息技术手段，基于三维信息模型，解决工程项目中各个独立参与方之间或内部的分布式异构工程数据难以交流和共享的问题。建筑信息模型是一种从根本上解决建设项目规划、设计、施工及维护管理等各阶段应用系统之间的信息断层,实现全过程的工程信息集成和管理的方法和技术手段。

如果说计算机辅助制图和计算机辅助设计(CAD)的发展使工程师们甩掉图板是建筑行业信息化的第一次革命,那建筑信息模型的提出、引入和发展很可能被定义为建筑行业信息化的第二次革命。

建筑信息模型的出现是计算机辅助设计发展历史上的一个重要里程碑,建筑信息模型的概念最早在 20 世纪 70 年代就已经提出,但直到 2002 年美国的 Autodesk 公司发表了一本建筑信息模型白皮书之后,其他一些相关的软件公司也加入,才使得建筑信息模型逐渐被大家了解。一年之后,美国联邦总务署(GSA,成立于 1949 年)发起了 3D-4D-BIM 计划,要求到 2007 年,所有 GSA 项目全面建筑信息模型化。建筑信息模型开始在美国快速发展。到 2006 年,美国施工规范协会(CSI)编制完成 AEC 万用标准 OmniClass。到 2007 年,美国建筑科学研究院(NIBS)推出酝酿已久的集大成者:全美建筑信息模型标准(NBIMS),日后被各国效仿。到 2013 年,NIBS 发布建筑信息模型指南,并且最近几年还在一直更新。

在国内,直到 2005 年,Autodesk 公司进入中国,为了推广它的软件而在国内宣传建筑信息模型,建筑信息模型的概念才逐步在国内被认知。到 2007 年的时候,当时的建设部发布行业产品标准《建筑对象数字化定义》(JG/T 198—2007)。2008 年开始,上海的标志建筑上海中心决定在该项目中采用建筑信息模型技术,建筑信息模型技术在国内发展开始加速。2011 年,中国出现第一个建筑信息模型研究中心(华中科技大学)。2012 年开始,政府部门逐步开始接触并推广建筑信息模型,到 2016 年,住房和城乡建设部印发 2016—2020 年建筑业信息化发展纲要中明确提出建筑信息模型为工作重心,2017 年,国务院办公厅关于促进建筑业持续健康发展的意见中也明确说明了建筑信息模型的重要性。

7.1.2　技术标准

截至 2021 年年底,我国已有以下一些与建筑信息模型有关的标准:

(1)GB/T 51212—2016《建筑信息模型应用统一标准》。

(2)GB/T 51235—2017《建筑信息模型施工应用标准》。

(3)GB/T 51269—2017《建筑信息模型分类和编码标准》。

(4)JGJ/T 448—2018《建筑工程设计信息模型制图标准》。

(5)GB/T 51301—2018《建筑信息模型设计交付标准》。

(6)CJJ/T 296—2019《工程建设项目业务协同平台技术标准》。

(7)GB/T 51362—2019《制造工业工程设计信息模型应用标准》。

(8)GB/T 51447—2021《建筑信息模型存储标准》。

(9)JTG/T 2422—2021《公路工程施工信息模型应用标准》。

(10)JTG/T 2420—2021《公路工程信息模型应用统一标准》。

(11)JTG/T 2421—2021《公路工程设计信息模型应用标准》。

(12)JTS/T 198-1—2019《水运工程信息模型应用统一标准》。

(13)MH/T 5042—2020《民用运输机场建筑信息模型应用统一标准》。

(14)TB/T 10183—2021《铁路工程信息模型统一标准》。

7.2 建筑信息模型建模

建筑物是建筑信息模型的研究对象,建筑信息模型建模就是将信息和建筑元素(建筑物的构件或部件)整合在一起。建模得到的结果是建筑模型,即一个按照建筑物设计、施工、运营本身规律建立建筑物几何造型和存储建筑物专业信息的模型。

7.2.1 建模技术概述

1. 建筑信息模型建模技术

建筑信息模型建模思路如下:

(1)明确模型用途和建模范围,拟订完成标准。

(2)明确建模方式:模型链接、工作共享。

(3)拟订建模计划、执行进度监控。

(4)开展建模工作:① 收集和准备建模资料。阶段组员需要对建模过程中所有需要参考的资料进行收集和整理,并对拟建模型构件进行理解。例如外墙外保温和装饰系统(exterior insulation and finish system, EIFS),需要掌握其层面划分、施工做法要求、材料使用情况等(类似于施工技术交底)。②创建系统族类型。该阶段组员需要根据图纸要求,对系统族创建需要的类型。例如天花板和内隔墙,需定义分层情况、每层的厚度和材质等。③创建非系统族。该阶段组员需要对模型中采用的非系统族进行创建。创建非系统族时,对于族类参数的选择、限制类型的采用等都需要事先考虑清楚。④摆放模型构件。在所有族和类型创建完成之后,组员根据既定的建模思路,在各自的工作集中摆放模型构件。⑤编辑图纸。模型构件摆放完成之后,即可根据要求生成图纸。图纸编辑过程中可以选择需要的标准(discipline)、平面视图、立面视图、剖面视图、线宽和比例等。

(5)模型检查。

2. 建模软件介绍

国内外常见的建筑信息模型建模软件有以下几种:

(1)美国 Autodesk 公司的 Revit 建筑、结构和机电系列软件,在民用建筑市场借助 AutoCAD 的天然优势,有相当不错的市场表现。

(2)美国 Bentley 公司建筑、结构和设备系列软件,Bentley 产品在工厂设计(石油、化工、电力、医药等)和基础设施(道路、桥梁、市政、水利等)领域有无可争辩的优势。

(3)2007 年德国 Nemetschek 公司收购匈牙利 Graphisoft 公司以后,ArchiCAD/AllPLAN/VectorWorks 这三个产品就被归到同一个门派里面了,其中国内同行最熟悉的 ArchiCAD,属于一个面向全球市场的产品,可以说是较早的一个具有市场影响力的建筑信息模型核心建模软件,但是在中国由于其专业配套的功能(仅限于建筑专业)与多专业一体的设计院体制不匹配,很难实现业务突破。Nemetschek 的另外两个产品,AllPLAN 主要市场在德语区,VectorWorks 则是其在美国市场使用的产品名称。

(4)法国 Dassault 系统公司的 CATIA 是全球最高端的机械设计制造软件,在航空、航天、汽车等领域具有接近垄断的市场地位,应用到工程建设行业无论是对复杂形体还是超大规模建筑其建模能力、表现能力和信息管理能力都比传统的建筑类软件有明显优势,而与工程建设行业的项目特点和人员特点的对接问题则是其不足之处。Digital Project 是美国 Gehry Technology 公司在 CATIA 基础上开发的一个面向工程建设行业的应用软件(二次开发软件),其本质还是 CATIA,就跟天正的本质是 AutoCAD 一样。

(5)南方测绘自主研发的 SmartGIS BModeler 三维建筑建模软件,可提供快速自动构建建筑信息模型以及三维产权空间、建筑小区、室内管网等三维模型构建功能,涵盖建筑三维模型构建、存储、管理、发布、可视化、分析应用的全生命周期管理服务,为精细化建筑集成、三维不动产、数字孪生城市建设等提供技术与应用支撑,助力实现城市管理精细化,提升治理能力现代化。

7.2.2 建模流程

本节以南方测绘自主研发的 SmartGIS BModeler 三维建筑建模软件为例,简要介绍建筑信息模型建模的流程。SmartGIS BModeler 三维建筑建模软件以二维建筑施竣工 CAD 图纸为建模数据,为用户提供自动、快速、高效、低成本的建筑物模型构建、模型生产管理服务,实现覆盖地上、地表、地下、室内、室外的城市分层信息模型构建,让海量、多源的城市运行数据能够在统一的三维底座上进行融合、计算、挖掘和动态呈现。模型构建整体流程包括原始数据收集、数据标准化处理、建筑信息提取、建筑实体自动化建模、模型成果集成输出,其流程如图 7.2 所示。

图 7.2 建模流程

1. 数据预处理

数据建模的第一个步骤是对基于工程项目报规报建 CAD 数据、施工图 CAD 图纸、规划验收 CAD 图纸、房产测绘成果等测绘、规划报建成果,进行图形分析检查,处理在空间位置、拓扑关系等方面不规范的图形数据。

SmartGIS BModeler 三维建筑建模软件,针对图纸审查出的图元错误类型提供相对应的图纸快速修改工具,可根据构件类型、图形修复规则库,快速定位错误位置,提供逐图元交互修改或多个错误图元批量修改的方式,辅以快捷键操作,高效修复图纸错误,提升建模效率,如图 7.3 所示。

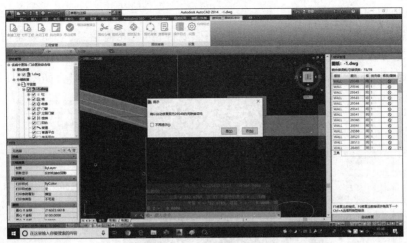

图 7.3　快捷修复

2．数据标准化

1）基于计算机辅助设计（CAD）数据自动构建模型技术规程

完成基于工程项目报规报建 CAD 数据、施工图 CAD 图纸、规划验收 CAD 图纸、房产测绘成果等测绘、规划报建成果，构建模型的技术路线，梳理并编写技术规程。

2）数据汇交技术规程

完成基于工程项目报规报建 CAD 数据、施工图 CAD 图纸、规划验收 CAD 图纸、房产测绘成果等测绘、规划报建成果数据汇交要求、规范梳理并编写技术规程，如图 7.4 所示。

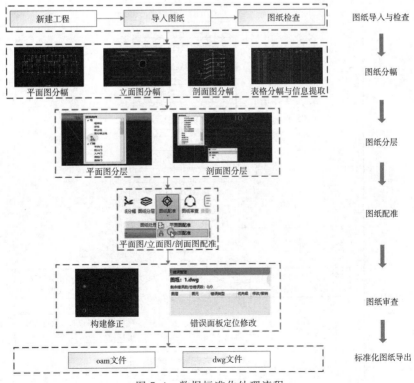

图 7.4　数据标准化处理流程

3. 信息识别提取

建筑信息包括建筑语义信息、建筑构件信息、属性信息、几何信息、空间关联信息等各方面信息。信息提取功能是对建筑图纸进行房屋建筑构件各类信息提取，包含墙、柱、门、窗、阳台、幕墙、楼梯、电梯、楼板、屋顶等相关建筑参数信息、语义信息和属性信息，如图 7.5 所示。

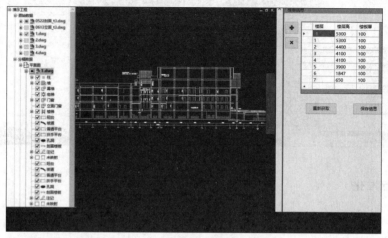

图 7.5　建筑信息

SmartGIS BModeler 三维建筑建模软件采用基于约束不规则三角网（TIN）的建筑空间信息提取技术路线进行信息提取，主要分为构件提取、三角剖分和空间搜索三个主要过程，如图 7.6 所示。

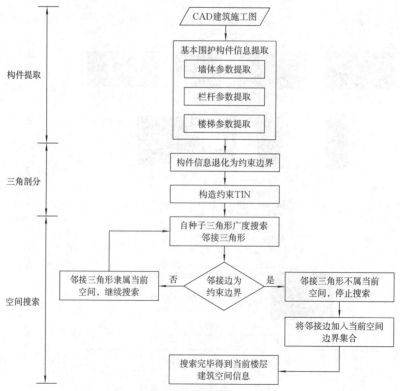

图 7.6　建筑空间信息提取技术路线

4．自动化建模

通过标准化处理的 CAD 图纸自动构建建筑地理实体。SmartGIS BModeler 三维建筑建模软件为自动化在线建模平台，只需要用户导入数据，平台自动进行建模，用户可以预览建模效果和下载模型。

建模效果流程如图 7.7、图 7.8 所示。

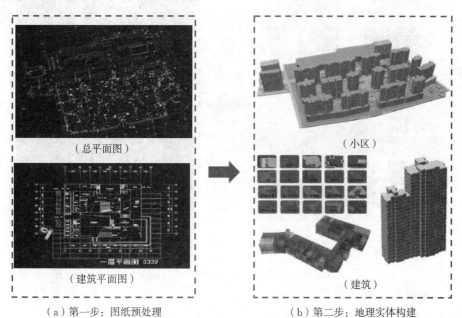

（a）第一步：图纸预处理　　　　　　　　　（b）第二步：地理实体构建

图 7.7　建筑实体模型构建

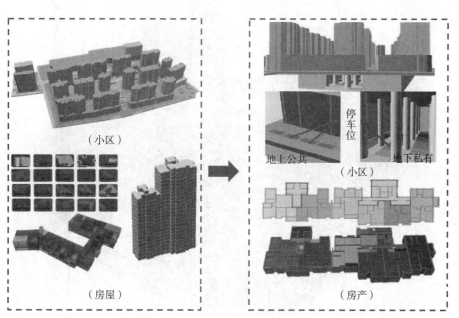

（a）第二步：地理实体构建　　　　　　　　（b）第三步：产权空间模型构建

图 7.8　产权空间模型构建

5．模型输出

将建筑实体模型和产权空间模型的三维建模成果输出，如图 7.9 所示。

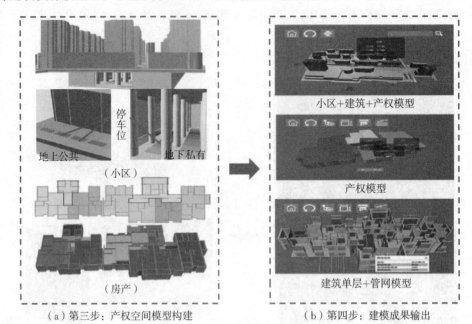

（a）第三步：产权空间模型构建　　　　　　（b）第四步：建模成果输出

图 7.9　成果输出

6．一体化模型成果

建筑单体模型成果如图 7.10 所示。

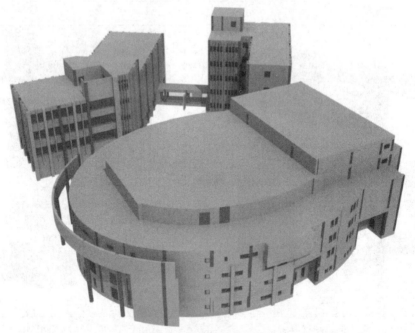

图 7.10　建筑单体模型成果

7.3　建筑信息模型的应用

建筑信息模型(BIM)已经在不同行业得到广泛的应用,包括建筑、智慧城市、数字施工等领域。在建筑行业,建筑信息模型的应用大多集中于商业房建类项目、基础设施类项目和工业项目。建筑信息模型应用的内容大致包含可视化、碰撞检测、建筑设计、建造模型、建筑装配、施工模拟、性能分析、预算、可行性分析等。其中比较成熟的技术包含可视化、碰撞检查、建筑设计、性能分析、施工模拟和建筑装配技术,但是在应用上还有待深入。

1. BIM+PM

项目管理(project management,PM)是在限定的工期、质量、费用目标内对项目进行综合管理以实现预定目标的管理工作。BIM 与 PM 集成在一起使用,是根据项目建设进度建立和维护建筑信息模型,实质是使用建筑信息模型平台汇总各项目团队所有的建筑工程信息,消除项目中的信息孤岛,并且将得到的信息结合三维模型进行整理和储存,以备项目全过程中各相关利益方随时共享。由于建筑信息模型的用途决定了建筑信息模型细节的精度,同时仅靠一个软件工具并不能完成所有的工作,所以目前业内主要采用“分布式”建筑信息模型的方法,建立符合工程项目现有条件和使用用途的建筑信息模型。这些模型根据需要可能包括设计模型、施工模型、进度模型、成本模型、制造模型和操作模型等。建筑信息模型的“分布式”还体现在建筑信息模型往往由相关的设计单位、施工单位或者运营单位根据各自工作范围单独建立,最后通过统一的标准合成。这将增加对建筑信息模型建模标准、版本管理、数据安全的管理难度,所以有时候业主也会委托独立的服务商统一规划、维护和管理整个工程项目的建筑信息模型应用系统,以确保建筑信息模型信息的准确、时效和安全。

2. BIM+云计算

云计算是一种基于互联网的计算方式,以这种方式共享的软硬件和信息资源可以按需提供给计算机和其他终端使用,其架构如图 7.11 所示。建筑信息模型与云计算集成应用,是利用云计算的优势将建筑信息模型应用转化为建筑信息模型云服务,目前在我国尚处于探索阶段。

基于云计算强大的计算能力,可将建筑信息模型应用中计算量大且复杂的工作转移到云端,以提升计算效率;基于云计算的大规模数据存储能力,可将建筑信息模型及其相关的业务数据同步到云端,方便用户随时随地访问并与协作者共享;云计算使得建筑信息模型技术走出办公室,用户在施工现场可通过移动设备随时连接云服务,及时获取所需的建筑信息模型数据和服务等。

3. BIM+物联网

物联网是通过射频识别、红外感应器、卫星定位导航芯片、激光扫描器等信息传感设备,按约定的协议将物品与互联网相连,进行信息交换和通信,以实现智能化识别、定位、跟踪、监控和管理的一种网络。建筑信息模型(BIM)与物联网集成应用,实质上是建筑全过程信息的集成与融合。建筑信息模型技术发挥对上层信息的集成、交互、展示和管理的作用,而物联网技术则承担对底层信息的感知、采集、传递、监控的功能,如图 7.12 所示。二者集成应用可以实现建筑全过程“信息流闭环”,实现虚拟信息化管理与实体环境硬件之间的有机融合。目前建筑信息模型在设计阶段应用较多,并开始向建造和运维阶段应用延伸。物联网应用目前主要集中在建造和运维阶段。二者集成应用将会产生极大的价值。

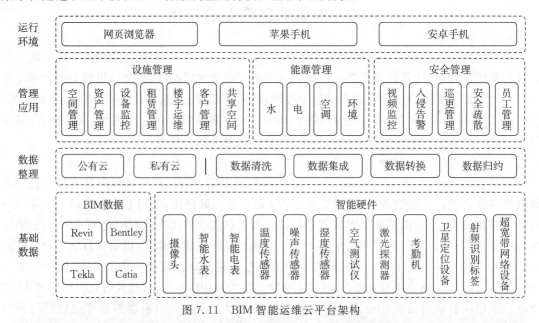

| 运行环境 | 网页浏览器 | 苹果手机 | 安卓手机 |

图 7.11　BIM 智能运维云平台架构

图 7.12　物联网总控平台

4. BIM＋数字化加工

　　数字化是将不同类型的信息转变为可以度量的数字,再将这些数字保存在适当的模型中,然后将模型引入计算机进行处理的过程。数字化加工则是在已经建立的数字模型基础上,利用生产设备完成对产品的加工。建筑信息模型与数字化加工集成,意味着将建筑信息模型中的数据转换成数字化加工所需的数字模型,制造设备可根据该数字模型进行数字化加工。目前,主要应用于预制混凝土板生产、管线预制加工和钢结构加工 3 个方面。一方面,工厂精密机械自动完成建筑物构件的预制加工,不仅制造出的构件误差小,生产效率也可大幅提高;另一方面,建筑中的门窗、整体卫浴、预制混凝土结构和钢结构等许多构件,均可异地加工,再被运到施工现场进行装配,既可缩短建造工期,也容易掌控质量,如图 7.13 所示。

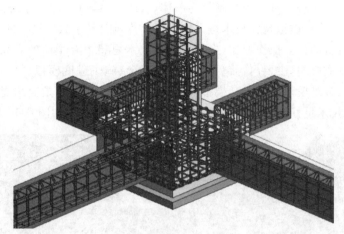

图 7.13　BIM 技术在机场工程精细化管理中的应用

5. BIM+GIS

地理信息系统(GIS)是用于管理地理空间分布数据的计算机信息系统,以直观的地理图形方式获取、存储、管理、计算、分析和显示与地球表面位置相关的各种数据。BIM 与 GIS 集成在一起使用,是通过数据集成、系统集成或应用集成来实现的,可在建筑信息模型应用中集成地理信息系统,也可以在地理信息系统应用中集成建筑信息模型,或是建筑信息模型与地理信息系统深度集成,以发挥各自优势,拓展应用领域。目前,二者集成在城市规划、城市交通分析、城市微环境分析、市政管网管理、住宅小区规划、数字防灾、既有建筑改造等诸多领域有所应用,与各自单独应用相比,在建模质量、分析精度、决策效率、成本控制水平等方面都有明显提高。图 7.14 为建筑信息模型在智慧城市中的应用。

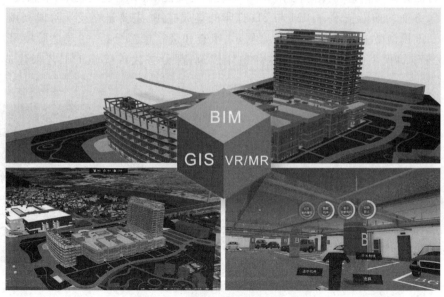

图 7.14　BIM 在智慧城市中的应用

6．BIM＋虚拟现实

虚拟现实，也称作虚拟环境或虚拟真实环境，是一种三维环境技术，集先进的计算机技术、传感与测量技术、仿真技术、微电子技术等为一体，借此产生逼真的视、听、触、力等三维感知环境，形成一种虚拟世界。虚拟现实技术是人们运用计算机对复杂数据进行的可视化操作，与传统的人机界面及流行的视窗操作相比，虚拟现实在技术思想上有了质的飞跃。建筑信息模型与虚拟现实技术集成应用，主要内容包括虚拟场景构建、施工进度模拟、复杂局部施工方案模拟、施工成本模拟、多维模型信息联合模拟及交互式场景漫游，目的是应用建筑信息模型信息库，辅助虚拟现实技术更好地在建筑工程项目全生命周期中应用，如图 7.15 所示。

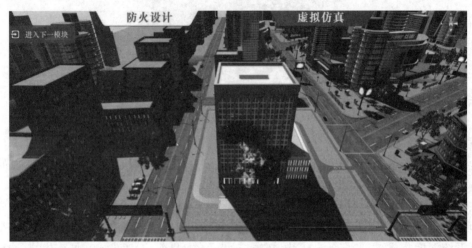

图 7.15　BIM 虚拟仿真

7．BIM＋3D 打印

三维(3D)打印技术是一种快速成型技术，是以三维数字模型文件为基础，通过逐层打印或粉末熔铸的方式来构造物体的技术，综合了数字建模技术、机电控制技术、信息技术、材料科学与化学等方面的前沿技术。BIM 与 3D 打印的集成应用，主要是在设计阶段利用三维打印机将建筑三维模型微缩打印出来，供方案展示、审查和进行模拟分析；在建造阶段采用三维打印机直接将建筑模型打印成实体构件和整体建筑，部分替代传统施工工艺来建造建筑，如图 7.16 所示。

图 7.16　三维打印模型

思考题

一、选择题(单选)

1. 下列哪项不是 BIM 的特点?(　　)

　　A. 可视化　　　　　B. 协调性　　　　　C. 模拟性　　　　　D. 不可出图

2. 二维建筑施工、竣工 CAD 图纸在进行 BIM 建模前不需要做哪些检查?(　　)

　　A. 构件检查　　　　　　　　　　　B. 构件间的关系检查

　　C. 图纸分幅检查　　　　　　　　　D. 必填字段检查

二、简答题

1. 简述 BIM 的定义。

2. 简述 BIM 建模的技术思路。

3. 建筑物信息是指哪些信息?

第8章 城市信息模型的应用

本章对城市信息模型(city information model,CIM)进行综合性阐述,并结合我国新型智慧城市的发展现状,引入城市信息模型这一概念,城市信息模型建设与应用的空间管辖范围以城市建成区为主,对接各行业平台融合海量数据,多样化的终端为公众提供便利服务。城市信息模型曾在广州、南京等试点城市已经取得了较好的应用成效,全国各地在新一轮的智慧城市建设项目招标中明确提出采用城市信息模型。建设城市信息模型可提升城市管理与决策的精度,为未来的城市精细管理提供智能平台。

8.1 城市信息模型技术概述

随着数字中国、智慧城市建设等不断深化推进,传统二维地图介质表达实景空间的局限性日益凸显,空间规划、城市精细化管理等都对地理空间可视化和实景三维建设提出大量需求,从室外到室内,从地上到地下,海量城市数据亟待一场从二维到三维实景化的革命性升级。

8.1.1 定义

1. 城市信息模型(CIM)

城市信息模型(CIM)是以建筑信息模型、数字孪生(digital twin)、地理信息系统、物联网等技术为基础,整合城市地上与地下、室内与室外、历史与现状及未来等多维信息模型数据和城市感知数据,构建三维数字空间的城市信息有机综合体,并依此规划、建造、管理城市的过程和结果的总称。

2. 城市信息模型基础平台(basic platform of city information model)

城市信息模型基础平台是在城市基础地理信息的基础上,建立建筑物、基础设施等三维数字模型,表达和管理城市三维空间的基础平台,是城市规划、建设、管理、运行工作的基础性操作平台,是智慧城市的基础性、关键性和实体性信息基础设施,如图8.1所示。

图 8.1 CIM 基础平台

与城市有关的信息都在城市信息模型基础平台中完成存储、提取、更新和修改,通过实现数据采集和数据存储及协同平台、信息传递等功能实现城市数字化。城市信息模型的核心技术涉及物联网、地理信息系统、建筑信息模型及其集成技术,通过二维或三维的数据,将地表、地下、室内、室外的数字原生场景在数字环境中重新模拟出来,同时叠加各类传感器产生的业务运行数据,为城市建设管理决策提供技术支撑。

8.1.2　核心技术

1. 物联网技术(IoT)

物联网(internet of things,IoT)把所有物品通过射频识别等信息传感设备与互联网连接起来,在平台中实现智能化识别和管理。物联网是数据采集阶段的主要手段,通过在城市安装感知系统来提取底层数据。例如在运维管理环节,运用城市实体中各种物联网传感器和智能终端实时获得数据,基于城市信息模型,对城市基础设施、地下空间、道路交通、生态环境、能源系统等运行情况进行实时监测和可视化综合展现,实现对设备的预测性维护;基于仿真模拟的决策推演及综合防灾的快速响应和应急处理能力,使城市运作更平稳、安全和高效。

2. 地理信息系统技术

地理信息系统(GIS)是基于对实际的地理情况的信息采集、储存、管理、运算、分析、显示和描述所建立的空间信息系统。当把地理信息系统看作是承载了城市大量信息数据的集中体时,地理信息又分为了几个不同的层级:地形图—影像图—地下空间—电子地图—地名地址—框架要素—经济人文信息。其中地形图、影像图和地下空间共同构成了地理信息系统的地理空间模型,而电子地图、地名地址、框架要素和经济人文信息构成了附着于地理空间模型上的第二信息层,并在智慧城市的建设中发挥着重要的作用。但是地理信息系统所涉及的信息模型并不完整,在实际城市中,地理空间上必定无法直接架构信息层,而需要其间的过渡层——建筑设施层来完成信息的架构,这就指向了建筑信息模型(BIM)。

地理信息系统拥有强大的空间分析能力与数据管理能力,其产品可以为城市信息模型提供丰富精准的时空立体城市"数字底图"。城市信息模型中整合所有的基础空间数据(城市现状三维实景、地形地貌、地质等)、现状数据(人口、土地、房屋、交通、产业等)、规划成果(总规、控规、专项、城市设计、限建要素等)、地下空间数据(地下空间、管廊等)等与城市规划有关的信息资源,通过地理信息系统实现数据的合并、叠加和分析,将数据进行可视化展现,辅助规划方案的优化和遴选。

3. 建筑信息模型技术

城市信息模型(CIM)是在建筑信息模型(BIM)基础上拓展的一项新技术,同时也是一种新建设模式和新发展理念。城市信息模型将建筑信息模型上升到城市信息模型,容纳了更多数字技术要素,更加注重业务系统建模,更加注重技术的优化(如模型轻量化),也更加强调数字技术与城市业务的相互渗透与深度融合。在城市设计阶段,通过搭建复原设计方案周边环境,一方面能够在可视化的环境中进行交互设计,而另一方面能够充分地考虑到设计方案和现有环境的互相影响和制约,让原先到施工环节才能暴露出来的问题提前暴露在虚拟设计过程中,便于设计人员及时对这些问题进行优化。

物联网、地理信息系统、建筑信息模型等技术在城市信息模型中被广泛性应用,其中建筑信息模型主要存储建筑物或项目群的点信息,而地理信息系统存储从城市地理空间到城市运行的脉络信息,继而整合成为全面的城市规模的信息模型,通过研究协同式的城市信息模型平台,让城市建设可以从多个维度考虑,并不断分析调整城市的布局结构,如路网、水网和管线结构直到城市商业网结构。

8.2　城市信息模型基础平台

8.2.1　基础平台框架

1. 总体框架

住房和城乡建设部对城市信息模型平台提出共识性的定义,即城市信息模型是以建筑信息模型、地理信息系统、物联网等技术为基础,整合城市的地上、地下、室内、室外、历史、现状、未来等多维的信息模型数据及城市感知数据,构建三维数字空间的城市信息有机综合体。

城市信息模型基础平台总体架构应包括三个层次和两大体系,即设施层、数据层、服务层,以及标准规范体系和信息安全与运维保障体系。横向层次的上层对其下层具有依赖关系,纵向体系对于相关层次具有约束关系。

1)设施层

设施层应包括信息基础设施和物联感知设备,通过多技术手段逆向建模,实现多源空间数据融合,全过程、自动化的一体化数据融合与管理;另一方面,通过物联网平台,感知数据在线化连接,与空间模型智能化匹配,虚实映射。

2)数据层

数据层应建设至少包括时空基础、资源调查、规划管控、工程建设项目、物联感知和公共专题等类别的城市信息模型数据资源体系,城市基础信息包含建筑模型、建筑个体信息以及交通、土地、人口、房屋、住户水电燃气、安防警务、交通、旅游资源、公共医疗等众多城市公共系统的信息资源信息。这些信息概括为地上地下、室内室外、从二维到三维,从地理空间信息到时空高精度多源信息,包含了地理空间数据、建筑数据、CAD(计算机辅助设计)数据、激光雷达点云数据、倾斜摄影数据。

3)服务层

服务层提供数据汇聚与管理、数据查询与可视化、平台分析、平台运行与服务、平台开发接口等功能与服务;通过城市信息模型数据管理平台,实现空间数据、业务数据、感知数据等多源异构数据的汇集、整理、入库、分析等管理;基于图数据库,建立空间管理,形成与实体城市映射的数字化城市模型,作为数据模拟、分析的基础;适用于政府服务和决策的信息系统,探索建立大数据辅助科学决策和市场监管的机制,完善数字化成果交付、审查和存档管理体系。

4)标准规范体系

明确标准规范体系的目的是建立统一的标准规范,指导城市信息模型基础平台的建设和管理,并与国家和行业数据标准与技术规范衔接。

按照内容完整性要求、实用性要求、可扩展性要求和可满足行业标准几方面,对现有城市信息模型平台的政策、相关资料及数据进行调研,在收集相关资料的基础上,建立一系列数据标准、数据互操作标准与性能参数集,最终形成平台系列标准。

执行标准主要是确保平台的建设满足国家、行业相关的标准规范要求,并根据项目的实际情况,面向未来,满足项目的规范化、标准化、高效化建设需要。在编制标准时,结合城市发展的实际特点,在充分引用国家标准、行业标准、地方标准的基础上,编制一套切实可行的、具有针对性的、能够保障平台顺利实施的标准规范体系。下面列出几个相关的规范:

(1)GB/T 30318—2013《地理信息公共平台基本规定》。

(2)GB/T 13923—2022《基础地理信息要素分类与代码》。

(3)GB/T 36478.2—2018《物联网　信息交换和共享　第 2 部分:通用技术要求》。

(4)GB/T 35634—2017《公共服务电子地图瓦片数据规范》。

(5)GB/T 51301—2018《建筑信息模型设计交付标准》。

(6)CJJ/T 157—2010《城市三维建模技术规范》,遵循《城市信息模型(CIM)基础平台技术导则》(建办科〔2020〕45 号)的指引,制定数据分级、数据分类、数据构成、数据存储、数据更新、数据共享和数据服务七部分规范。

• 数据分级:无缝集成二维地理信息、三维模型和建筑信息模型等实现二、三维一体化,将电子地图瓦片数据分级从 20 级扩展至 24 级,采用金字塔式分级管理,实现数据精细度规范表达。

• 数据分类:从要素、应用行业、数据采集、成果形式、时态、城市建设运营阶段和工程建设专业等角度进行分类。

• 数据构成:数据应至少包括时空基础数据、资源调查数据、规划管控数据、工程建设项目数据、公共专题数据和物联感知数据等门类。

• 数据存储:开放式、标准化的数据格式组织入库。三维模型建立多层次表达;建筑数据建立模型构件库,保留构件参数化与结构信息,采用数据库方式存储。流程包括数据预处理、数据检查、数据入库和入库后处理。

• 数据更新:可采用要素更新、专题更新、局部更新和整体更新等方式更新,更新数据的坐标系统和高程基准应与原有数据的坐标系统和高程基准相同,精度应不低于原有数据精度。几何数据和属性数据应同步更新,并应保持相互之间的关联,应同步更新数据库索引及元数据。数据更新时,数据组织应符合原有数据分类编码和数据结构要求,应保证新旧数据之间的正确接边和要素之间的拓扑关系。

• 数据共享:应包含在线共享、前置交换和离线拷贝三种方式,在线共享可提供浏览、查询、下载、订阅、在线服务调用等方式,前置交换可通过前置机交换数据,离线拷贝可通过移动介质拷贝共享数据。共享与交换应通过基础平台直接转换或采用标准的或公开的数据格式进行格式转换。

• 数据服务:规定数据分级、分类与格式的服务类型。

5)信息安全与运维保障体系

信息安全与运维保障体系应按照国家网络安全等级保护相关政策和标准要求建立运行、维护、更新与信息安全保障体系,保障城市信息模型基础平台网络、数据、应用及服务的稳定运行,框架如图 8.2 所示。

2.功能框架

南方智能 CIM 基础平台的组成包含了 CIM 数据库、CIM 数据综合管理系统、CIM 基础功能和 CIM SDK 等四个模块及众多子模块,如图 8.3 所示。

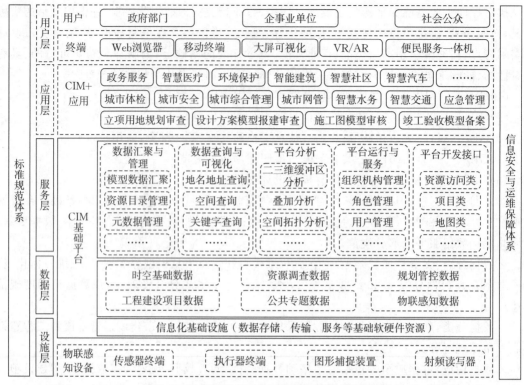

图 8.2　城市信息模型(CIM)基础平台总体框架

图 8.3　城市信息模型(CIM)基础平台功能框架示例

3. 数据框架分级展示

从城市地表、体块、标准、精细、功能、构件、零件共 7 级进行多尺度城市信息模型展示,面向城市规划、建设、管理、运维不同业务需求提供不同精度和层次的数据服务。

CIM1 地表模型,可采用地理信息系统数据生成,实体对象的基本轮廓或三维符号,用于底图的低精度可视化展示。

CIM2 体块模型,如无表面纹理的白模,可表达建筑单体,用于场景还原。

CIM3 标准模型,表达实体三维框架、内外表面,如统一纹理的"标模",精度最高 0.5 m,即点云、倾斜模型,用于高精可视。

CIM4 精细模型,表达实体三维框架、内外表面细节,要与实际的纹理相符合,精度最高 0.2 m,即高精度的点云、倾斜模型,可用于城市仿真。

CIM5 功能模型,要满足空间占位、功能分区等需求,包含实体系统关系、组成及材质,以及性能或属性等信息,可用于结构仿真。

CIM6 构件模型,要满足建造安装流程、采购等精细识别需求,可用于构件仿真。

CIM7 零件模型,要满足高精度渲染展示、产品管理、制造加工准备等需求,可用于全真模拟。

(1)CIM1,地表级别——低精度可视化,如图 8.4 所示。

图 8.4　低精度可视化

(2)CIM2,体块级别——场景还原,如图 8.5 所示。

图 8.5　场景还原

（3）CIM3，标模级别——高精可视，如图 8.6 所示。

图 8.6　高精可视

（4）CIM4，精细级别——城市仿真，如图 8.7 所示。

图 8.7　城市仿真

（5）CIM5，功能级别——结构仿真，如图 8.8 所示。

图 8.8　结构仿真

（6）CIM6，构件级别——构件仿真，如图 8.9 所示。

图 8.9　构件仿真

（7）CIM7，零件级别——全真模拟，如图 8.10 所示。

图 8.10　全真模拟

8.2.2　应用的特性

1. 基础性

城市信息模型基础平台是城市信息模型数据汇聚、应用的载体，是智慧城市的基础支撑平台，为相关应用提供丰富的信息服务和开发接口，支撑智慧城市应用的建设与运行。

2. 专业性

城市信息模型基础平台应具备城市基础地理信息、三维模型和建筑信息模型的汇聚、清洗、转换、模型轻量化、模型抽取、模型浏览、定位查询、多场景融合与可视化表达、支撑各类应用的开放接口等基本功能，宜提供工程建设项目各阶段模型汇聚、物联监测和模拟仿真等专业功能。

3. 集成性

城市信息模型基础平台应实现与相关平台（系统）对接或集成整合。

8.2.3 基础平台的项目难点

1. CIM 与 BIM 融合和打通

建筑信息模型(BIM)关注建筑单体细节、模型体量很大。以中国第一高楼上海中心为例，其建筑信息模型数据量高达 250 GB，三维构件数达数百万个，而到城市级别这一数据量则将呈几何级别增长，但如果直接用建筑信息模型原始数据与城市信息模型进行对接，对于单栋或几栋建筑尚可，随着场景范围扩大、建筑物数量增多，将会导致城市信息模型平台面临巨大的数据量挑战。这种情况下就需要提升平台使其能够承载海量数据，能进行数据轻量化处理。不同行业和不同渠道的数据格式、标准不一致，给数据融合带来困难。因此城市信息模型基础平台需要设计采用多种技术手段，如部件成组、实例化存储、渲染处理等，以此来实现模型的轻量化和优化，从而不断融合和打通建筑信息模型和城市信息模型。

2. 数据融合

目前物联网的能力仍停留在图表分析、报表统计等层面，跟建筑信息模型、地理信息系统模型的融合不够深入。这一方面是因为目前阶段城市信息模型发展的技术难点在于建筑信息模型与地理信息系统的融合；另一方面是因为目前的物联网数据的丰富性和体量远远达不到构建实时动态城市信息模型的要求。

随着 5G 通信时代的到来，其超大带宽、超低时延和超大连接的特点将促使城市信息模型平台更加开放鲜活、虚实一体。

3. 数据的包容性

建筑信息模型建模软件尚缺乏统一的标准、规范，不同建模软件的数据格式不同、文件结构不同，加之建模软件种类繁多，导致难以采用统一的技术方案实现模型信息共享。而且建模软件大多不对外公开其数据格式、文件结构，导致建筑信息模型与地理信息系统对接存在壁垒。

针对这些项目难点，在形成基础平台的过程中，模型建设及面向整个城市如何轻量化运转，需要推进建模数据标准化与开放性。

4. 数据安全

城市信息模型平台从空间角度整合了城市全量数据资源，其中包含了居民、政府和企业的数据，城市安全和风险问题随着平台的建设和平台积累数据量的逐渐增加而呈指数上升，一旦系统平台被攻破或数据泄露，将引发重大的城市安全事故。对于如何保护数据和控制网络安全风险，相关的政策措施和研究创新还需进一步发展。

8.2.4 基础平台功能

1. 多源数据融合转换

城市信息模型基础平台需要应用海量城市数据，数据的类型广泛且格式、尺度、分辨率不统一，导致融合过程会出现兼容难、规模太大、细节缺失等问题，这就需要城市信息模型基础平台具有全空间数据的高效融合能力，能支持主流厂商几十种数据格式，如与 las、laz、ptx、pts、ply、xyz、3dtiles、osgb、obj、3ds、dae、fbx、rvt、ifc、shp、geojson、wms、wmts、mvt、pbf、wkt、wkb、tiff、terrain、png、jpg 等格式数据进行融合，实现数据的高仿真可视化与查询分析有机融合，如图 8.11 所示。

图 8.11　基础平台加载室内外模型效果

2．多源数据在线轻量化能力

量化包含数据处理及数据管理两大模块,通过数据处理模块中的数据切片功能,将数据通过不同的策略算法,进行格式转换、纹理压缩、网格优化等处理,将原始格式的各种数据转换成平台能加载的格式,再运用数据管理模块,将数据实时上传至三维平台,实现海量、多源数据快速融合、加载,并提供流畅的线上三维可视化体验,如图 8.12 所示。

图 8.12　CIM 基础平台加载城市级模型效果

3. 图形数据渲染能力

平台利用全空间渲染引擎,采用实例化渲染、视锥体剔除、动态裁切、纹理压缩、数据传输节流等方法优化空间数据可视化渲染机制,结合分层动态加载、图形处理器(GPU)图形硬件加速、中央处理器(CPU)并行计算等技术,优化数据组织、数据加载、数据渲染等性能,全面提升海量三维空间数据的高效加载和实时渲染能力,最终实现海量、多源数据的快速渲染、三维数据的高性能加载效果,为用户提供流畅的线上三维可视化体验,如图 8.13 所示。

图 8.13　CIM 基础平台高质量渲染

4. 场景特效仿真模拟能力

依托已有物理感知监测网络,建立涵盖灾害防治、环境监测及保护的信息化体系,基于边缘计算的方式实现从全域的多尺度感知、通信、存储到可视化表达,推动信息化成果的深化应用,提高物联网动态监管和服务水平,为城市运行动态实时感知及预测预警提供信息支撑及决策支持服务,如图 8.14 所示。

图 8.14　CIM 基础平台应急处理截图

8.2.5　基础平台应用

1. 城市信息模型在工程项目审批中的应用

在规划编制审批和工程项目审批过程中,通过城市信息模型基础平台集成的三维现状数据和三维规划数据,结合各类规划管控指标,来辅助规划编制和审批工作,也同时从源头上保证了多规合一。规划批复后到了工程项目审批时,通过建筑信息模型报建的方式,审批人员通过三维可视化模型和平台自动计算管控结果,进行用地预审、设计方案审批、施工图备案及竣工验收等一系列审批流程。城市信息模型基础平台可保证建设项目层层管控,数据层层传递,最终又融合到城市信息模型基础平台成为数据的一部分。

在工程建设项目的第一阶段——立项用地规划许可阶段,需要由建设单位或土地储备机构提交项目选址范围,城市信息模型基础平台可自动根据选址范围和项目类型从控制性详细规划图中提取相应的管控条件,生成初步的法定规划条件和要素底板。用户基于系统自动生成的法定规划条件完善编辑管控内容,征询其他管理部门意见,提前将项目管控条件做深、做全,为后续的项目报建提供法定依据。

2. 城市信息模型在城市地下空间建设管理中的应用

为推进"地下空间一体化"建设,实现地下空间的科学化、精细化和智能化管理,建立了城市地下空间管理平台。平台采用城市信息模型技术,围绕城市地下空间基础设施的信息采集、建库、利用和可视化管理为中心,建立城市地下空间"一张图",构建地下空间高水平开发、高质量利用、高效率治理的现代化城市地下空间发展新格局。地下空间数据包括地质、地下管线、地下管廊、地下停车场和人防空间、地下轨道交通等不同类型的数据。

地上地下一体化,实现长效精细管理。为了实现城市地下空间的精细化管理,建立城市地下空间管理平台,基于城市信息模型技术、建筑信息模型技术、同步定位制图(SLAM)技术、倾斜摄影测量和贴近摄影测量技术,实现地上和地下部分空间数据的 1∶1 可视化还原,实现地质、城市地下市政管线、地下停车场、地下人防、地下廊道和地下交通枢纽等重要地下空间基础设施的三维可视化集成管理,建立城市地下空间二、三维数字化档案和地上地下一体化的三维可视化管理系统,形成完整的城市地下空间开发利用的重要数据底座,并建立长效数据更新机制,真正实现城市空间数据"一张图"。

人防空间可视化,全要素掌控和管理。利用移动测量技术,实现人防空间全要素信息获取,将人防工程建筑内的机电设备、防护设备、战时通风设备、内部环境调节设备、门禁、照明、电视监控、综合布线集成到一个统一的平台,实现人防区域的隐患排查工作。同时通过建筑信息模型技术和增强现实技术,实现人防平时和战时的动态变化对比,从而保障战时、突发事件和人防防灾抗灾的应急使用。

地下管网动态更新,完善监督管理体系。城市地下管线是城市"生命线",是城市基础设施的重要组成部分,是城市能量输送、物质传输及信息传递的重要载体,更是城市管理及决策的重要基础。利用城市地下空间管理平台,针对现有的管线库资料,对地下管线进行三维可视化表达。在日常的管理中,建立相应的管线更新机制,保证管线数据的准确性。通过城市地下空间管理平台全方位涵盖管线普查、综合规划、方案设计、动态更新、应急决策等内容,需落实各方市政管线设施管理单位的更新责任,加强城市地下市政基础设施全生命周期管控,建立信息动态更新机制,确保城市地下空间管理平台数据的实时更新。

建筑信息模型全流程管理,空间数据集成透明。对城市地下停车场和人防工程等地下空间设施,建议在设计和施工过程中积极采用建筑信息模型技术进行施工图审查和竣工验收审查,尤其是新建设的城市地下空间重点项目。采用同步定位制图(SLAM)扫描获取的点云数据和建筑信息模型数据对比的方式,查看地下室的整体施工精度,根据竣工同步定位制图数据调整施工建筑信息模型,保证建筑信息模型竣工模型的准确性,同时建立好的地下建筑信息模型也会集成到城市地下空间管理平台中,以保证城市信息模型数据的现势性。最终实现地下空间的全流程监督和管控。

全方位物联感知,掌握地下空间动态。城市地下空间的状态,可通过集成智慧化的物联传感设备进行实时感知,大幅度提升地下空间开发利用效率。近年来,现有的地下空间开发建设中,加大了智能化的投入,通过各种智能设备的接入,可以有效管理地下空间。例如通过接入停车场管理系统,对城市地下停车数量进行实时监测,有效引导城市车辆停车;通过城市地下综合管廊内的温度监测设备,实时感知电缆温度防止火灾;通过温、压、流监测设备,实时感知管道水流、水压、流向和液位等多种数据,有效避免喷漏。多样化的物联网设备,使更多的地下空间感知数据实现了同步及远端控制,以达到对地下空间管理决策更科学、管理更有效、城市更智慧的目的。

3. 智慧园区应用

基于城市信息模型的智慧园区是指以城市信息模型为核心,融合新一代信息与通信技术,使园区具备"透彻感知、全面互联、深入智慧"的能力,从而实现全方位、全动态的精细化管理,进而提高园区产业集聚能力、企业经济竞争和可持续发展能力。基于城市信息模型的智慧园区应包含物理园区、静态模型、动态管理、自动感知和智慧应用五个层次,如图8.15所示。

智慧园区综合信息服务系统架构以标准规范体系、运维规范管理及安全规范保障体系为支撑,以计算存储环境、网络环境和物联感知设备等基础设施为基础,在数据资源库的支撑下,面向园区租户、服务者和管理部门等各类角色,提供综合管理、智能运营和智慧服务三大类共性业务应用,支持扩展园区个性化业务应用。

图 8.15　CIM 的智慧园区应用

4．智慧交通应用

基于城市信息模型的智慧交通的应用，将实现交通大数据的互联互通，强化系统与外部物联网数据的对接和数据共享，构建高效、安全、有序的交通环境。

优化通行与精准治堵。结合全域实时交通数据，并基于场外视频实时结构化分析能力，形成交通事件、道路流量等实时在线感知体系，实现对路段、路口交通运行状态的精准评价，以及对区域交通流的精准刻画。基于过往交通数据，构建包括交通视频分析处理算法、数据整合算法、信号优化算法、交通评价算法、态势研判算法等在内的交通算法模型，研究交通拥堵成因，预判城市重要交通节点运行状态的变化趋势，实时优化交通控制设备，推动交通拥堵治理精确化。研究交通大数据，合理制定面向未来的城市交通治理、控制策略，保障区域交通畅达有序。

改造审计与精细管理。借助交通大数据，分析道路的通行效率、历史过车信息、车流演变趋势等信息，对交通基础设施服务效果进行评价，并对后期城区道路交通改造、升级提供决策支持，改善原有交通系统建设（交通信号控制、非现场执法系统、交通流信息采集系统、交通视频监控系统、交通诱导系统、道路交通设施建设等）和应用相对割裂独立的局面，推动路口交通设备间的数据共享，提升以识别风险、管控风险为主要内容的安全防控能力，建立"预测、预警、预防"机制，支持科学化、精细化的交通管理。

思考题

一、选择题（单选）

1. BIM 可以较好地弥补 GIS 中建筑及基础设施（　　）的缺失。

   A. 属性　　　　　B. 内部信息　　　　C. 结构　　　　　　D. 示例数据

2. 城市信息模型研究领域主要有三种建模方式其中不包含（　　）。

   A. 基于实体测量建模　　　　　　　B. 基于 CAD 与 GIS 建模

   C. 基于 BIM 与 GIS 建模　　　　　D. 基于 IoT 建模

3. 城市信息模型简称（　　）。

   A. CIM　　　　　B. BIM　　　　　　C. GIS　　　　　　D. IoT

4. （　　）包含视频监控数据。

   A. CIM　　　　　B. BIM　　　　　　C. GIS　　　　　　D. IoT

5. （　　）是针对建筑物实体与其功能特性的数字化表达，贯穿于工程项目策划、设计、实施、运营全生命周期。

   A. CIM　　　　　B. BIM　　　　　　C. GIS　　　　　　D. IoT

二、简答题

1. 简述城市信息模型的概念。

2. 简述 CIM 的主要组成部分。

3. 简述 BIM 融入 CIM 平台目前存在的技术难点。

参考文献

段敏燕,2015.机载激光雷达点云电力线三维重建方法研究[D].武汉:武汉大学.

侯国瑞,2019.激光 LiDAR 点云在电力巡线中的应用[J].经纬天地(4):19-22.

胡月,2019.无人机倾斜摄影测量技术在立面测量中的应用研究[J].世界有色金属(7):31-32.

蓝海,2021.无人机遥感技术在工程测量中的应用研究[J].中国住宅设施(9):37-38.

李伟,唐伶俐,吴昊昊,等,2019.轻小型无人机载激光雷达系统研制及电力巡线应用[J].遥感技术与应用,34(2):269-274.

李志杰,2013.国产机载 LiDAR 技术及其在电力巡线中的应用[D].昆明:昆明理工大学.

刘淑慧,2013.无人机正射影像图的制作[D].南昌:东华理工大学.

马龙,2015.基于 DEM 内插的工程土方量计算方法研究[D].兰州:兰州交通大学.

任海成,2017.机载 LiDAR 树木检测在电力巡线中的应用研究[D].兰州:兰州交通大学.

师树宇,周广胜,2020.工程测量中无人机遥感技术的应用分析[J].科技创新与应用(11):184-185.

王兴国,2009.数字正射影像图(DOM)的制作与质量控制[J].地矿测绘,25(2):17-20.

徐展,2017.一种激光雷达导航的全自主智能无人机巡线系统[J].浙江电力,36(6):44-47.

杨红琳,2019.无人机影像获取及其面向对象的土地利用分类应用[D].合肥:安徽理工大学.

杨乐,2021.高分辨率遥感影像解译方法与对比分析[J].经纬天地(5):42-45.

赵莹,张宁,徐萌,2021.地理国情监测遥感影像解译方法对比与分析[J].测绘与空间地理信息,44(S1):103-105.